보고, 쓰고, 담는 관찰육아법

깜빡하는 찰나, 아이는 자란다

보고, 쓰고, 담는 관찰육아법

깜빡하는 찰나, 아이는 자란다

2016년 11월 15일 1판 1쇄 인쇄
2016년 11월 25일 1판 1쇄 발행

지은이 ㅣ 강문정
펴낸이 ㅣ 이병일
펴낸곳 ㅣ **더메이커**
주 소 ㅣ 10521 경기도 고양시 덕양구 무원로 63 1009-305
전 화 ㅣ 031-973-8302
팩 스 ㅣ 0504-178-8302
이메일 ㅣ tmakerpub@hanmail.net
등 록 ㅣ 제 2015-000148호(2015년 7월 15일)

ISBN ㅣ 979-11-955949-8-6 (03590)
ⓒ 강문정, 2016

「이 도서의 국립중앙도서관 출판예정도서목록(CIP)은 서지정보유통지원시스템 홈페이지
(http://seoji.nl.go.kr)와 국가자료공동목록시스템(http://www.nl.go.kr/kolisnet)에서
이용하실 수 있습니다. (CIP제어번호: CIP2016026965)」

깜빡하는 찰나, 아이는 자란다

| 강문정 지음 |

보고, 쓰고, 담는 관찰육아법

더메이커

꿈틀꿈틀, 살아 움직인다

조창인(《가시고기》의 작가)

"네가 4시에 온다면 나는 3시부터 행복해지기 시작할 거야."

생텍쥐페리의 〈어린왕자〉에 나오는 여우의 말입니다.

강문정 선생님을 만날 때마다 제 마음이 꼭 그렇습니다. 강 선생님이 어떤 아이의 기발한 이야기를 들려줄까. 오늘은 관찰일기의 어느 페이지로 감격하게 만들까. 기대하며 기다리는 시간이 마냥 즐겁습니다.

강 선생님은 주위를 환하게 밝히는 분입니다. 따뜻한 에너지를 마구마구 흩뿌리는 행복바이러스 전파자입니다. 천성인지, 분투해 얻

어낸 품성인지 모르겠습니다. 이유야 중요치 않습니다. 분명한 건 강 선생님 곁에 있으면 누구든 단박에 미소를 머금게 된다는 점입니다.

강 선생님은 자주 고백합니다.

"저는 세상에서 가장 행복한 평생엄마입니다."

이유가 명쾌합니다. 아이들과 함께 지낼 수 있기 때문이랍니다.

평생엄마.

강 선생님이 스스로 지칭해 만든 일종의 신조어인 셈입니다. 평생엄마의 뜻에는 강 선생님의 열정이 담겨 있습니다. 코흘리개 말썽꾸러기 아이들을 보듬어 결국 평생토록 선한 영향력을 끼치겠다는 진정까지.

강 선생님을 만나면 어김없이 떠오르는 장면이 있습니다.

강 선생님의 치맛자락에 매달린 아이들. 아이들이 도무지 놔주질 않아 개펄의 칠게처럼 어기적어기적 걷는 강 선생님의 모습.

강 선생님은 20여 년 유아교육에 헌신해 온 분입니다.

기나긴 세월은 우리를 타성에 젖게 합니다. 처음의 열정은 어느덧 소진해, 그저 습관에 따라 몸과 마음을 움직이는 일상이 되기 일쑤입니다.

평생엄마의 의미는 타성을 겨냥한 경계인 셈입니다. 이 책 전체를 관통하고 있는 '관찰일기'는 그 의지의 표현입니다. 20여 년 애오

라지 아이들과 웃고 울고 떠들고 얼싸안은 열정과 진정의 결과물입니다.

마지막 장을 덮으며, 이 책을 정의했습니다.

'꿈틀꿈틀, 살아 움직인다.'

어쭙잖은 이론으로 무장한 책이 아닙니다. 현실과는 동떨어진, 적용키 어려운 육아교육서가 아닙니다.

아이들의 실제 모습이 담겼습니다. 무슨 생각을 하는지, 무엇을 바라는지, 행동 속에는 어떤 의도가 숨어 있는지……. 강 선생님은 관찰일기로 꾸밈없이 보여줍니다. 아이들의 생각과 바람과 행동을 통해 살아 꿈틀거리는 육아교육의 방향을 제시하고 있습니다.

좋은 책은, 독자의 공감을 이끌어냅니다.

더 좋은 책은, 독자를 설득해 움직이게 합니다.

이 책이 그러합니다. 부모님들은 먼저 아이의 생각 속으로 풍덩 뛰어들게 됩니다. 결국 설득당하고 마침내 변화하게 될 겁니다. 강 선생님의 표현대로 눈높이가 아니라 '마음 높이'에서 아이와 생생하게 소통하게 되리라 확신합니다.

개인적으로 이 책을 읽으며 한탄했습니다. 강 선생님을 진작 만나지 못해서였고, 저의 소설 〈가시고기〉를 떠올린 탓이었습니다.

〈가시고기〉의 절반을 아이의 시각으로 구성했습니다. 가난한 아빠를 바라보는 아이의 심정을 옮기는 게 어려웠습니다. 아이의 언어, 아이의 감성, 아이의 몸짓을 제아무리 상상력을 발휘해 글로 옮겨도 되짚어보면 어설폈습니다.

집필 당시 강 선생님의 곁에 있었다면, 훨씬 더 살아 꿈틀거리는 〈가시고기〉가 되었으리라 생각합니다.

저는 요즘 강 선생님께 배우고 있습니다. 아이의 생각을, 아이를 향한 마음높이를 익히는 중입니다. 장차 저의 소설 속으로 녹아들어 살아 꿈틀거릴 터입니다. 그때쯤 강 선생님의 또 다른 저서를 만나게 되길 소망합니다.

관찰일기는 우리 집의 보물

이수정(태윤 엄마, 초등학교 교사)

아이들을 다 재우고 난 늦은 밤, 큭큭큭 소리에 남편이 뭐가 그렇게 재미있냐는 눈빛으로 저를 쳐다봅니다. 그리고 이내 같이 웃습니다. 한밤중에 저희 부부를 킥킥 웃게 만드는 건, 바로 우리 아이의 관찰일기입니다.

가끔은 내 아이의 의젓함에 눈물이 날 만큼 감동하기도 하고, 때로는 아이의 엉뚱함에 한숨을 푹 내쉬기도 하며 화답하듯 집에서 있었던 일을 또 적습니다. 그렇게 함께 적어 내려간 관찰일기가 저희 집에는 벌써 세 권이 보물처럼 모셔져 있습니다.

혼자 보기 아까웠던, 배꼽 빠지게 웃기고 눈물 쏙 빠지게 가슴 뭉클한 꼬꼬마의 기록이 이렇게 책으로 나오니 반갑기도 하고, 제가 한 일이 아닌데도 왠지 뿌듯하기도 합니다. 이제는 어른이 되었을 아이들, 올망졸망한 귀여운 아이들이 한데 모여 평생엄마의 역사가 되었습니다.

꼬꼬마의 하루가 얼마나 왁자지껄하고 즐거운지 원래도 알고 있었지만 글로 보니 더 재미있습니다. 아이들 모습이 떠올라 절로 엄마 미소를 짓다가, 육아의 어려움을 마주하는 엄마들을 보며 맞아! 맞아! 하고 무릎도 치다 보니 어느새 마지막장입니다.

책장을 덮고 평생엄마를 처음 만났던 날을 떠올려봅니다. 잦은 이사 덕에 나름 여러 어린이집을 경험했던 저는 '이번 원장님은 뭐부터 말씀하시려나…… 시설 자랑? 특별활동?' 하고 생각하며 여유롭게 앉아 있는데, 아이마냥 반짝이는 눈빛으로 하신 첫 얘기는 "제가요, 다른 건 몰라도 애들하고 진짜 잘 놀 수 있어요. 그거 하나는 대한민국 일등일거예요."였습니다. 보통 다른 어린이집에서는 밥은 유기농으로 뭐 주고 영어는 잘나가는 거 뭐 하고 이런 거 자랑하던데, 원장님의 조금 특별한 자랑(?)에 웃음이 나면서 왠지 여기라면 우리 아이가 더 행복할 것 같다는 생각이 들었습니다.

그리고 두 해가 지나고 있는 지금, 아이는 대한민국에서 애들이랑 제일 잘 노는 어른과 함께 더 있고 싶어서 데리러 온 엄마를 돌려보낼 만큼 행복한 어린이집 생활을 하고 있습니다. 그리고 저도 평생엄마와 함께 고되지만 내 아이의 성장 드라마를 지켜보는 기쁨과 즐거움이 있는 육아를 씩씩하게 해나가는 중입니다.

결코 가볍지 않은 부모됨의 무게에 저와 같은 엄마들은 몸과 마음이 지치고 어려울 때마다 짠 하고 나타나서 육아를 해결해 줄 '램프 속의 지니'가 나타나주길 기대합니다. 하지만 조금 더 아이를 키우다 보면 무엇이든 해결해주는 램프의 요정보다는 그저 "너 잘하고 있어. 원래 그렇게 힘든 건데 너 참 잘 버틴다. 애쓴다." 하며 등 두드려주고 함께 울고 웃어줄 언니가 필요함을 깨닫게 됩니다.

아마 저에게는 평생엄마 우리 원장님이 그런 존재가 아닐까 싶습니다. 할 수 있다면 전국 방방곡곡의 육아를 견뎌내고 있는 엄마들에게 이렇게 좋은 평생엄마를 빌려(?)드리고 싶었는데, 이 책이 평생엄마 대신 그런 역할을 해줄 수 있을 것 같아 참 좋습니다.

아이는 키우는 게 아니라 자라는 거라며, 우리는 그 사람을 지켜봐주고 함께해주면 된다고 늘 말씀하시는 우리 평생엄마, 우리 원장님. 아이 손 잡아주랴 엄마 등 두드려주랴 몸이 열 개여도 모자란, 그러면서도 우리 아이의 성장에 함께할 수 있는 기회를 줘서 고맙다며 어느새 아이들에게로 달려가시는 우리 평생엄마를 평생 응원합니다. 사랑합니다.

평생엄마, 코흘리개들의
주례사를 준비하다

오늘 휴대폰으로 반가운 메시지가 하나 날아왔다. 벌써 20여 년 전이다. 어린이집을 개원하고 나서 만난 나의 '두 번째 아이', 그 아이의 엄마로부터 온 메시지였다. 지금은 서울 소재의 모 대학 3학년인 예쁜 숙녀가 되었다고 한다. 매번 느끼는 거지만 감개무량이다. 그 코흘리개가 벌써?

"원장님 덕분에 아이가 잘 크고 잘 자라서 자기 몫을 잘 하고 있어요."

감동이 물밀듯이 밀려왔다. 고구마를 캐는 것처럼 추억이 줄줄이 달려 나온다. 그때 그 시절 아이들이 하나씩 생각나면서 문득 다들 어떻게 지내나 궁금해졌다. 아직도 연락이 닿는 엄마들에게 안부를 물어보기 시작했다. 그러자 감사하게도 그때 그 시절의 사진과 함께 요즘 사는 소식들을 전해온다.

머슴애지만 목소리 톤이 높고 제 이름인 '박규민'이 발음이 안 돼서 '빠꾸'라고 말하던 녀석은 드럼과 기타를 잘 다루는 고등학생이 되었단다.

떡도 팔고 칼도 갈던 상훈이는 지금 고등학교 1학년이 되었단다. 세 살 때 처음 만나 여섯 살, 어린이집을 졸업하기까지 함께했던 아이다. 하도 개구쟁이라 이 녀석만 보면 꽁무니를 따라잡기 바빴던 기억이 가득하다.

간만에 서로 사진을 주고받고, 소식을 전하면서 엄마들과 그때 그 시절 이야기에 빠져들었다. 징징대는 아이 때문에 그보다 더 징징대며 육아의 어려움을 토로하던 엄마, 대체 우리 애는 언제 철들까를 고민하던 성미 급한 엄마, 그저 아이 크는 것이 신기해 항상 감탄사를 연발하던 엄마까지. 이제는 그네들도 빠글빠글 파마머리 엄마들이 되었지만 이야기에 빠져들다 보니 어느 새 그 시절, 초보 엄마들의 희로애락이 생생히 느껴진다. 그리고 감사하게도 엄마들이 덧붙여주는 말.

"다 원장님 덕분이에요!"

그 시절 몇 년 잠깐 아이의 성장기를 함께했을 뿐인데 그들에게 나는 그 황금기를 같이 목격하고 기쁨, 감동, 보람을 함께한 동지로 여겨졌던 모양이다.

더더욱 감사한 건 그 꼬마 아이들이다. 아직도 나를 기억하고 있다는 아이들 이야기를 들으며, 내가 그들에겐 '평생엄마'로 자리잡겠구나 하는 마음에 괜스레 울컥해진다. 50대에 들어서니 이렇게 추억 하나하나에도 눈물이 많아진다.

20여 년 전 큰애가 네 살, 둘째가 갓 돌을 넘기고 나서 시작한 어린이집. 그때만 해도 내가 지금까지 쉬지 않고 아이들과 함께할 줄은 몰랐다. 그저 아이들이 좋아 시작한 일일 뿐인데 내게는 이제 사명이 되었고, 인생의 중요한 부분이 되었다.

사실 2005년, 열심히 앞만 보며 살다 잠시 주춤할 때가 있었다. 인생은 묘하다. 아무리 기쁘게, 즐겁게, 보람차게 살아도 쉴 때는 있어야 하나 보다. 하늘도, 땅도 아닌 몸에서 신호가 왔다. 진단을 받아보니 갑상선암이라고 했다. 부득이하게 어린이집을 잠시 접고 쉬고 있다가 몸이 나아지면서 주변의 권유로 '놀이학교'란 걸 시작했다. 하루 종일 아이들과 몸을 부비며 살던 때와는 달리 '경영'이란 것을 해볼 수 있는 기회라 여겼다. 시작은 꿈으로 부풀었다. '아이들을 위해 좀 더 효율적인 교육법, 학습법을 연구해볼 수 있겠지', '다양한 아이들을 만날 수 있겠지' 그러나 이게 웬걸. 연구는 고사하고 아이들을 가까이 할 시간조차 없었다. 관리와 운영에 발목이 잡혀 하루 종일 서류에 파묻혀 살아야 했기 때문이다. 그래서일까, 20여 년 전 어린이집을 다니던 아이들은 기억나도 놀이학교 시절 그 아이들만큼은 이름도 얼굴도 떠오르지가 않는다.

결국 3년 만에 놀이학교를 접고, 미련 없이 훌훌 떠났다. 내가 있을 자리가 아니었으니 다시 내 자리를 찾아가야 했다. 그렇게 나는 지금의 따뜻한 보금자리, 꼬꼬마 어린이집에 정착했다.

시간은 더 많이 할애해야 하고 정성은 더 들여야 했지만 이보다 더 행복할 수는 없었다. 다시 관찰일기도 쓰기 시작했고, 아이 하나하나에 눈을 맞추고 가슴에 새겼다. 아이들과 부대끼다 보니 신기하게 건강도 좋아졌다. 아이들이 내 에너지의 원천이 되었던 걸까?

엄마들에게 나의 이러한 경험을 공유해주고 싶었다. 인성과 감성이 자리잡는 시기, 아기일 때부터 취학 전까지 그 소중한 황금기를 꼭 눈과 귀, 마음과 가슴으로 담으라고 말하고 싶었다.

"애 키우는 건 너무 힘든 것 같아요."

"아무리 책이나 정보를 찾아봐도 힘들기만 해요."

내가 만난 그 어떤 엄마도 육아가 쉽다고 말하는 사람은 없었다.

그러곤 항상 되묻는 말.

"육아를 쉽게 할 수는 없을까요?"

그럴 때마다 내가 항상 하는 말.

"육아는 어려운 게 당연해요."

한 생명을 키우는 것인데 그 일이 쉬운 것이라면 굳이 엄마가 아니라도 할 수 있지 않을까? 그러고는 내가 꼭 덧붙이는 말이 있다.

"육아가 즐거워지는 방법은 있어요."

그러면 다들 눈을 밝히며 메모지와 연필을 꺼내지만 답은 간단하다. 그냥 아이를 바라보면 된다. 그리고 그 바라봄을 기록하면 된다. 그것만으로도 육아는 즐거워질 수 있다.

"자세히 보아야 예쁘다. 오래 보아야 사랑스럽다. 너도 그렇다."

나태주 시인의 '풀꽃'이라는 시의 시구다. 아이도 바라볼수록 예쁘고 자세히 봐야 예쁘다. 오래 보면 볼수록, 깊이 보면 볼수록 꽃이 되는 것이 '아이'다.

관찰은 바라봄에서 시작한다. 눈이 열려야 귀가 열린다. 귀가 열려야 마음이 열린다. 내가 겪고 느낀 그 과정들을 엄마들 역시 느껴보길 바라며 이 책을 쓰게 됐다.

요즘 나는 나만의 즐거운 상상을 한다.

나와 함께했던 아이들 그리고 지금 함께하는 아이들 중 인연이 닿는 아이들에게 내가 주례를 서 주면 어떨까? 구체적으로 계획한 것도 있다. 결혼식장 단상에 서서 영상 화면을 띄워 보여주는 것이다. 아이들이 세 살, 네 살, 다섯 살…… 우리 어린이집에서 함께했던 사진들과 그 당시 나와 선생님들, 엄마들이 직접 쓴 관찰일기를 보여주면서 말이다.

"이렇게 유아기에 사랑받으며 자랐으니 결혼해서 배우자에게도 사랑을 나누어 줄 것이고, 유아기를 행복하게 보냈으니 자녀들도 행복하게 잘 성장시킬 거예요."

그러고는 함께한 모든 이들을 증인으로 삼는 것이다. 반드시 사랑을 베풀면서 행복하게 사는 것을 다짐할 수 있도록.

나는 20여 년 간 어린이집을 운영해 온 사람이다. 하지만 나는 과거도 그랬고, 현재도 그렇고, 미래도 여전히 '평생엄마'로 살 생각이다. 아이들이 뿌리를 내리고 나무로 자라나는 그 황금기를 지켜보는 사람으로서, 그리고 그 기억을 온전히 간직한 사람으로서 말이다.

언젠가, 아니 조만간 '평생엄마'인 나를 주례로 삼아줄 아이가 나타나지 않을까? 여전히 나만의 상상을 즐기면서 아이들과 소중한 시간을 함께하고 '관찰'한 이야기를 시작해본다.

특명! 아이의 신호를 캐치하라!

PART 5

한 아이를 키우려면 온 마을이 필요하다

PART 1

⋮

애 보기,
세상 가장 즐거운 일

귀를 열어 아이들을 담아내다
매일매일 독립을 연습하는 아이들
보고, 쓰고, 담고, 삼박자! 관찰일기의 기억습관
아이의 반짝이는 시기를 기록하라
마음과 마음은 눈에서 시작된다

하루를 꼬박 아이들을 지켜보고 관찰일기를 쓰는 데 시간을 보내면서 '나는 왜 이걸 하는 거지?' 자문할 때도 많다. 하지만 그러고서도 돌아서면 아이들의 걸음마가 보이고, 웃음소리가 들리고, 수다스러운 목소리가 들리니 기록을 안 하려야 안 할 수가 없다. 이 소중한 순간을 본 내가 기록하지 않는다면 그 누가 이 순간을 기억해줄까 싶어서다.

귀를 열어
아이들을 담아내다

원장님 속, 옷, 위, 반 하지 마세요

노란 승합차 안으로 아이들을 태우는 시간만도 벌써 20분째. 겨우내 어린이집 안에만 있던 아이들은 간만의 나들이에 한껏 들떠있다. 네살반만 태웠는데도 어린이집 차는 아이들의 흥겨운 소리로 가득 찼다. 야외활동을 가지 않는 아이들도 어수선하긴 마찬가지. 언니오빠들을 따라 가겠다며 쪼르르 교실 밖으로 뛰쳐나온 세 살 정아, 창문에 들러붙어 빠끔 내다보는 호기심쟁이 호민이…… 어린이집 전체가 어수선하다. 세살반 선생님들이 아이들을 달래 교실로 데려가

자 그나마 정리가 좀 되는 듯하다.

야외활동이 있는 날이면 애니메이션 〈UP〉에 나오는 하늘을 나는 집처럼 어린이집 전체가 공중에 붕 뜬 느낌이다. 어린이집 안에만 있던 아이들은 현관에서 신발만 신어도 이미 기분이 최고다. 특히나 어린이집 노란 승합차를 타는 것만으로도 목적지와 상관없이 좋기만 하다. 반면 선생님들은 긴장감이 두 배 올라가고, 손발은 두 배 빨라진다. 어디로 튈지 모르는 다람쥐 같은 아이들을 데리고 무사히 다녀와야 한다는 책임감에 다들 정신이 없다.

어린이집 2년 차에 첫 승합차를 산 이후로 야외활동을 갈 때면 한동안 운전은 내 몫이었다. 그전까지는 승용차 품앗이를 하거나 남편이 짬짬이 몰아주어 야외활동을 했다. 하지만 애들을 데리고 맘껏 놀러 다니고 싶은 마음에 12인승 중고 승합차를 구입했다.

"내가 1등! 내 자리다, 내 자리!"

"아니야, 진우 자리야, 앉지 마~"

아이들에게 인기가 높은 조수석과 운전석 뒤 움푹 들어가는 중간 자리를 놓고 쟁탈전이 일어난다. 차를 탈 때마다 항상 일어나는 실랑이다. 그래서 아예 순서를 정해주는 게 상책.

"민선아, 어젠 민선가 앉았으니까 오늘은 진우한테 양보하는 게 어떨까?"

울며 겨자 먹기, 어쩔 수 없다. 그게 우리 어린이집 룰이니까. 민선이는 진우에게 자리를 양보한다. 오늘의 목적지는 농사체험을 할 수 있는 교외의 한 농장. 사실 들뜬 건 나도 마찬가지다. 아이들에게 보여줄 밭들과 농장, 강아지, 염소, 푸릇푸릇한 새싹들이 눈앞에 그려지고, 흙을 손에 묻히며 팔짝팔짝 뛰어놀 아이들 생각에 뿌듯한 마음뿐이다.

그런 내 마음을 아이들이 눈치 챈 걸까? 조심히 운전을 하고 있다고 생각했는데 동네를 벗어나 큰 사거리 앞 신호등이 바뀔 찰나, 자리를 양보해 뾰로통하던 민선이가 내게 참견을 한다.

"원장님! 속, 옷, 위, 반 하지 마세요!"

나도 모르게 웃음이 터졌다. 또래보다 재잘재잘 말을 잘하는 민선이답다. 안전운전 하라는 기특한 간섭인데 네 살은 역시나 네 살. '속도위반'이 아니고 '속옷위반?' 그것도 정확히 발음하며 알려주느라 손까지 들어가면서 말이다.

벌써 십수 년이 지난 어느 봄날의 기억이다. 세월이 훌쩍 지나도 농장 견학을 가던 그날이 오늘처럼 생생한 건 그때가 바로 관찰일기를 시작했던 때이기 때문이다. 비록 중고이지만 노랗게 색칠한 승합차를 세상 최고의 차처럼 좋아하며 올라타던 아이들의 웃음소리. 그리고 민선이의 "속옷위반 하지 마세요."라던 외침과 그 말이 너무 재미있어 깔깔 웃던 내 웃음소리까지 아직도 귀에 생생하다.

그날 농장에서 돌아온 나는 이날의 기억이 너무 아까워 당장 동네 마트로 달려갔다. 그리고 고심 끝에 노트 30권을 골랐다. 이렇게 남자아이, 여자아이 수에 맞춰 파랑과 분홍 노트를 사서 쓰기 시작한 것이 지금의 '관찰일기'다. 아이들의 들뜬 모습과 민선이의 말이 너무 재미있어 꼭 기록에 남겨야겠다 싶었다.

사실 관찰일기는 내게 낯선 것은 아니었다. 따로 이름만 붙이지 않았을 뿐이지 두 아들을 키울 때도 늘 해왔던 습관이었다. 민선이의 일화와 비슷했던 추억 한 자락을 들춰보자.

지금은 훌쩍 커버려 대학원에서 공부 중인 큰아들이 딱 민선이 나이였을 때다. 아이를 태우고 운전을 하던 중이었다.

"엄마, 여기서 우회전할 거지?"

"응, 현수가 우회전도 알아?"

"네~~ 엄마, 다음엔 밑회전할 거지이~~~~!"

제 딴엔 어깨너머로 어른들의 운전을 보고 들은 말이 있어 아는 척을 했지만, 우회전을 좌우의 우가 아닌 위아래의 우로 이해했던 모양이다. 그때도 그랬다. 그 말이 너무 귀여워 아이의 말을 그냥 공책에 적었다. 그날뿐만 아니라 때로는 사진이나 메모로 그날그날 아이가 한 말이나 모습, 일화 등을 내식대로 적어나갔다.

아무튼 두서없이 이루어지던 '하루의 메모'는 민선이의 '속옷위반'을 계기로 관찰일기로 재탄생하게 됐다. 나는 내 두 아이들을 보며 썼던 것처럼 어린이집 아이들을 보며 사진도 찍고 그날그날 관찰한 것을 적어 학부모에게 보내기 시작했다.

처음 관찰일기를 접한 엄마들의 반응은 폭발적이었다. 매일매일 관찰일기가 기다려진다는 엄마들이 늘어났다. 어린이집을 나서면 맨 먼저 아이 가방에서 관찰일기를 꺼내 선 채로 읽으며 깔깔대는 엄마들도 많았다. 관찰일기는 마치 그 자리에 있었던 것 같은 생생함을 엄마들에게 주었다. 맞춤법과 상관없이 아이의 발음을 그대로 적었고, 그림으로 그려 상황을 표현하기도 했고, 아이가 큰소리를 냈으면 글씨도 크게 썼고, 심지어 의성어 의태어까지 모아 사진 찍듯 관찰일기에 아이의 하루를 담아냈다.

눈으로 보고, 귀로 듣고, 마음으로 담아낸 관찰일기

해마다 관찰일기의 형식은 조금씩 바꾸고 다듬어나갔지만, 그 안에 담아낸 내용은 다르지 않았다. 십수 년 전 민선이의 '속옷위반'처럼 때로는 '아키심(아이스크림)', '똘라또 안자따 띠따나(돌아서 앉았다 일어나)' 같은 외계어들이 우리 어린이집 관찰일기에는 가득하다. 다른 점이 있다면 시간이 흐르면서 엄마들의 글이 더 많이 채워지고 있다는 것이다. 선생님이나 내가 쓴 어린이집에서의 이야기에 엄마들이 답글을 쓰거나 집에서 있었던 일들을 써 보냈던 것이다. 그러면 나는 다시 그 글들에 색깔별, 모양별 포스트잇과 스티커로 화답했다. 그러다 보니 관찰일기가 갈수록 빼곡해져 갔다. 그렇지만 단순히 분량만 많아지는 게 아니었다. 아이가 자라면서 함께 눈으로 보고, 귀로 들은 내용들이 마음으로 모아져 고스란히 관찰일기에 담겨졌다. 마치 성장앨범을 보는 것처럼 말이다.

때로는 아이의 말만 두세 단어로 채워질 때도 있고, 때로는 면이 모자라 다음 장을 넘길 정도로 빼곡할 때도 있었다. 내용이 많든 적든, 눈으로 보고 귀로 들은 아이들의 모습이 기억에서 멀어지고 그냥 흘러가는 것이 아까워 그 모습을 관찰일기에 꼭꼭 담아두었다.

나는 여전히 관찰일기를 쓰는 것이 즐겁다. 관찰일기를 쓰기 위해서 아이들을 보는 것이 아니라 예쁜 아이들의 모습을 놓치지 않으려 열심히 보고 있고, 그 모습을 담아두기 위해 관찰일기를 쓰고 있다.

매일매일 독립을
연습하는 아이들

"으아앙~ 어, 엄~~마!"

아이들이 얼마나 간절하게 울어대는지 '엄마'란 말조차 제대로 못
하고 눈물을 삼킨다.

3월이면 항상 보게 되는 어린이집의 흔한 풍경이다. 신파 드라마
의 그 어떤 장면도 비할 바가 못 된다. 새로 온 친구들도 있고 교실
도 바뀌고 선생님도 바뀌는 환경 때문에 아이들은 낯설음을 울음으
로 표현한다.

엄마와 아빠, 할머니를 따라가려는 아이. 그런 아이를 힘겹게 떼

놓으며 발은 돌아서도 고개는 차마 돌리지 못하는 부모들. 어린이집이라는 타이틀만 없다면 동네를 떠들썩하게 한 죄로 동네 분들에게 사과라도 해야 할 판이다.

하지만 이것도 결국은 통과의례. 개인차는 있지만 길어도 4주 정도면 눈물은 줄어들고 어느 새 "엄마, 빠빠이~"를 능숙하게 외치며 교실로 달려가는 아이들이 늘어난다. 아이들은 저마다의 방식으로 어린이집이란 낯선 환경과 선생님, 친구들에게 적응해나간다.

은솔이의 적응기

솔지의 적응기

깜빡하는 찰나, 아이는 자란다

선생님, 나 다 울었어요

세 살 정아는 좋게 말하면 뚝심이 있는 아이였고, 그 어떤 방법으로도 끄떡 않는 최강의 울보였다. 웬만하면 선생님이 말을 걸거나 친구들과 놀이가 시작되면 눈물을 그치기 마련인데 정아는 그 어떤 유혹에도 넘어가지 않는 아이였다. 보통은 누군가 알아주길, 달래주길 기대하며 울 텐데 정아는 달래는 것도 마다하며 신발장 앞, 책장 옆, 책상 밑 등 장소를 옮겨가며 울곤 했다.

그런 정아를 주의 깊게 관찰한 지 1주일이 지났을까, 나는 정아만의 규칙을 알아냈다. 달래는 선생님이나 친구들을 피해 혼자 울 곳을 찾아 한참을 통곡하다 30분이 지나면 슬며시 눈물을 닦고선 친구들과 어울리는 것이었다. 규칙을 알아낸 이후로는 담임선생님에게 언질을 해두었다. 목이 마르거나 울음이 커지기 전까지는 내버려두라고. 그렇게 한 달 정도가 지난 어느 날, 정아는 여느 때처럼 우는가 싶더니 30분도 채 지나지 않아 선생님에게 쪼르르 달려갔다.

"선생님, 나 다 울었어요."

거짓말처럼 정아는 다음날부터 '아침 눈물의식'을 끝냈다. 하루 30분씩 한 달, 정아가 나름의 방식으로 적응한 시간이다.

반면 호준이는 이상할 정도로 눈물 한 방울 흘리지 않았다. 정아는 울음이 그치면 친구들과 어울렸지만, 호준이는 놀이에 참여하기보다는 어린이집을 둘러보거나 친구들을 관찰하는 것을 좋아했다.

호준이를 쭉 지켜보다 느낀 건, 신중함과 관찰력이 뛰어난 아이라는 것이었다. 이런 아이의 경우 자칫 내성적이거나 사회성이 발달하지 않은 아이라고 판단할 수 있다. 그러나 호준이는 시간이 어느 정도 흐르자 아이들과 별 탈 없이 잘 어울렸다. 호준이는 낯선 환경이나 상황을 두려워하는 대신 천천히 관찰하면서 자신의 방식대로 익숙해지고 적응해 갔던 것이다.

이렇게 정아나 호준이는 다른 아이들보다 좀 느리지만 제 방식대로 어린이집에 적응을 했다. 그런데도 성질 급한 어른들은 아이들 나름의 적응 시간과 방식을 무시한 채, '이 아이는 떼쟁이', '이 아이는 울보', '이 아이는 외골수'라고 이름 붙이기 바쁘다. 눈과 귀를 닫고 있으니 아이들을 제대로 파악하지 못하는 것이다.

나는 어린이집 눈물의식을 20여 년째 매년 겪고 있다. 처음 아이들을 품에서 떼어놓고 걱정하는 엄마들에겐 시간을 두고 지켜보라고 이야기한다. 엄마의 품에서 벗어나 막 세상 밖으로 나온 아이들에게는 각자의 적응 방식을 존중하며 지켜봐주는 것이 최대의 대응책이란 걸 잘 알고 있기 때문이다.

하지만 나 역시도 과거에는 눈물의 신고식을 호되게 치렀다. 내 배로 낳은 아이들이지만 큰애와 작은애는 어쩜 그리 다른지, 달라도 참 많이 달랐다.

큰애는 출산 때부터 분리불안이 예고된 아이였다. 24시간 진통 후에도 나올 기미가 없어 결국 제왕절개로 낳았다. 그렇게 낳고나자 이번에는 잠을 설치는 예민함을 보여 한동안 아이를 재우느라 고생했다. 아이가 나와 떨어지면 잠을 잘 못자서 근 석 달 열흘간을 배 위에 올려놓고 재우곤 했다. 하긴 엄마 뱃속에서 잘 지내다 억지로 힘들게 나왔으니 낯설 법도 했을 것이다.

처음 어린이집에 갈 때도 그랬다. 나는 둘째가 갓 돌이 지나서부터 어린이집을 시작했는데, 따로 어린이집을 구하지 않고 집 아파트에 어린이집을 꾸몄다. 아이들이 쓰던 장난감과 교구, 책들을 그대로 사용하였고 두 아들도 아이들과 함께 지내게 했다. 그러나 일은 일인지라 내 아이들보다는 다른 아이들에게 손이 더 갈 수밖에 없었다. 참 마음이 아팠다. 그래서 우리 애들도 다른 어린이집에서 좋은 선생님들께 보살핌 받게 해주자 싶어 친분이 있는 원장님의 어린이집으로 아이들을 보내게 됐다.

예상했던 대로 큰애는 등원 첫날부터 울며불며 내 다리를 붙잡고 난리도 아니었다. 어린이집을 운영하면서 익히 보아오던 모습인데도 막상 내 아들이 우는 걸 보자니 마음이 너무 아팠다. 겨우 아이를 떼어내고 돌아서다가 어린이집 담벼락 옆에서 눈물을 삼키며 다시 큰애를 데려올까 잠깐 고민하기도 했었다. 하지만 어쩌랴, 이것도 성장하는 과정인 것을. 다행히도 일주일이 지나니 큰애는 새 어린이집에 잘 적응해나갔다.

그리고 작은애. 이 녀석은 진통 과정 없이 제왕절개로 쉽사리 뱃속에서 나왔다. 어린이집 첫 등원날도 작은애다웠다. 마치 놀이동산에 온 아이마냥 신발을 벗어젖히고 뒤도 안 돌아보고 "엄마, 안녕!"을 외치며 뛰어 들어가는데, 오히려 내 마음이 이상했다. '요 녀석은 엄마랑 떨어지는 게 슬프지도 않나', 서운한 마음까지 들었다. 잘 적응하니 감사해야 할 따름인데 말이다.

지금이야 둘 다 엄마품 안 찾는 다 큰 청년들로 자랐지만 가끔은 어린이집에 처음 가던 그날을 떠올리며 앞으로 이 아이들에게 또 어떤 '독립연습'이 남아 있을까를 상상한다. 물론 부모와 자식 사이가 끊어지는 것은 아니다. 떨어져 있어도 부모와 자식임은 분명하니까. 대신 품안에 있던 자식이 품안을 떠날 때를 대비하기 위한 마음의 준비는 필요하다. 어린이집을 시작으로 취학, 취업, 결혼처럼 독립의 여러 단계가 남아있을 테니까 말이다.

〈아름다운 비행〉이라는 영화에서는 에이미란 소녀와 거위의 이야기가 그려진다. 여행 중에 엄마를 잃은 거위 알을 발견하고 따뜻한

깜빡하는 찰나, 아이는 자란다

손길로 키워온 에이미. 거위들은 알을 깨고 나오자마자 처음 마주한 에이미를 어미 새로 알고선 오로지 에이미만 따라다니며 행동을 따라한다. 하지만 철새인 야생거위는 비행을 해야만 살 수 있기에 에이미는 아빠의 도움을 받아 거위들이 잘 날 수 있게 연습시킨다. 결국 작별할 때가 다가오자 거위들이 스스로 잘 살 수 있을 거라는 믿음을 가지고 떠나보낸다.

에이미가 이별을 상실이나 슬픔으로만 여겼다면, 거위를 떠나보낼 수 있었을까. 에이미는 자신의 감정에만 묶여 있지 않았다. 거위의 미래를 위해 올바른 선택을 했다. 부모에게도 에이미와 같은 선택이 필요하다. 아이의 독립을 위해 이별을 훈련해야 한다. 잘 헤어지는 방법에 익숙해져야 한다.

매일 다를 바 없는 어린이집 아침이지만, 아이를 등원시키고 돌아서는 엄마들의 작별인사는 사뭇 다르다.

"○○야, 잘 놀고 저녁에 봐~", "친구들이랑 선생님이랑 재미있게 놀고 있으면 엄마가 4시에 데리러 올게~" 등의 인사를 하는 엄마들이 있는 반면, "○○야, 울지 말고 있어!", "엄마, 간다~", "어서 들어가!" 등 통보형의 인사를 하는 엄마들도 있다.

아직 말뜻을 잘 모르는 아이들이지만 전자는 일상으로, 후자는 이별로 받아들인다. 문제는 후자의 경우 아이가 '홀로 남겨진다'는 두려움을 가질 수도 있다는 것이다. 먼 훗날 아이가 독립적이고 단단한 어른으로 크길 바란다면, 하루하루를 이별이 아닌 독립을 연습하는 일상으로 만들어주어야 한다.

깜빡하는 찰나, 아이는 자란다

보고, 쓰고, 담고, 삼박자!
관찰일기의 기억습관

우이 옴마는 덩덩옥이에요

세살반 아이들을 데리고 어린이집 근처 키즈카페에 들렀다. 일명 '원장타임'을 갖기 위해서다. 한창 에너지와 호기심이 넘치는 아이들에겐 바깥구경을, 선생님들에겐 잠시의 휴식을 주기 위해 만든 시간이다.

키즈카페에 들어서자마자 아이들은 뛰어놀고 싶어 안달이다. 신발을 정리하는 아이들을 돕고 몸을 일으키는데 어디선가 반가운 목소리가 들렸다.

"원장님? 원장님!"

어깨를 툭치며 반가워하는 그이를 보며 나도 모르게 튀어나온 말.

"어머, 덩덩옥!!!"

서로 한참을 얼싸안고 제자리 뛰기까지, 이보다 더 반가운 만남이 있을까. 그이는 내가 어린이집을 하던 초창기 인연을 맺은 학부모 중 한 명이다. 세 살에 등원하기 시작해 근 3년을 함께했던 경택이 엄마, '덩덩옥'. 벌써 20여 년이 흘렀건만 얼굴을 보자마자 나도 모르게 그녀의 이름부터 외친 건 모두 경택이 덕분이다.

경택이는 어린이집 적응이 또래보다 느린 편이었다. 안아주려 해도 구석으로 도망치기 일쑤고, '엄마~'를 외치며 울곤 했다. 그러나 낯가림이 가시자 애교와 수다를 끊임없이 쏟아내던 친근한 아이였다. 그런 경택이가 자주 하던 말이 있다.

"원당님! 우이 옴마는 덩덩옥이에요! 우이 아빠는 ○○○이에요!"

조잘조잘 수다를 떠느라 밥 먹는 시간마저 친구들보다 훨씬 더 오래 걸리던 아이. 현장체험을 가면 호기심이 많아 보는 대로 물어보고, 궁금한 건 쪼그려 앉아 한참을 쳐다보던 아이.

처음엔 경택이가 어린이집에 적응하기까지의 모습을 관찰일기에 적곤 했다. 그러다 완벽히 적응한 후 조잘조잘 수다를 떠는 모습이 반전처럼 느껴져 경택이의 하루를 재미있게 관찰하던 기억이 새록

새록하다.

경택이의 혀 짧은 발음으로 '덩덩옥'이 되어버렸지만 본래 엄마 이름은 '정정옥'이다. 누가 물어보지 않아도 시시때때로 엄마 이름 '덩덩옥'을 외치고 다니던 경택이 말이 귀여워 그 발음 그대로 관찰일기에 적었는데 그것이 아예 각인이 되어버린 듯하다. 20여 년 만에 만난 경택이 엄마를 보자마자 무심코 튀어나온 말이 '덩덩옥'이었으니 말이다. 경택이는 건장한 청년으로 자라나 군복무 중이라 하고 '덩덩옥' 엄마는 놀랍게도 어린이집 교사를 하고 있다고 했다.

"역시 원장님! 덩덩옥을 아직도 기억하시네요."

그 옛날 내가 롤모델이었다는 그이는 아이들과 함께하는 내 모습이 좋아 보여 뒤늦게 유아교육 공부를 시작했다고 한다. 그러곤 경택이도 청년이 된 지금까지 나를 기억하고 있다고 덧붙였다.

두 모자의 소식이 내겐 깜짝 선물 같았다. 한참 옛 추억을 떠올리며 깔깔거리다 키즈카페에서 신나게 놀고 있는 아이들을 바라보니 새삼 그 모습이 더 소중하게 느껴졌다. 물론 이 아이들 하나하나가 내 기억에 또렷이 각인될 것이다. 경택이처럼 말이다.

사실 내 기억력은 다른 사람과 비교해서 유달리 뛰어난 건 아니다. 다만 나에겐 남다른 기억 방법이 있다. 바로 아이들을 보고, 쓰고, 담는 삼박자 기억법이다.

첫 번째, 그냥 보는 것이다. 이제 갓 세상을 경험하는 아이들은 하루 24시간이 바쁘다. 세상의 수많은 것들을 보고 느끼며 자신의 감정을 표출하느라 분주하다. 그런 아이들을 바라보는 것이 그렇게 재미있고 즐거울 수가 없다. 이렇게 보다 보면 더 눈에 띄고, 더 귀에 들어오는 것이 있기 마련. 그럴 때는 얼른 기록으로 남긴다.

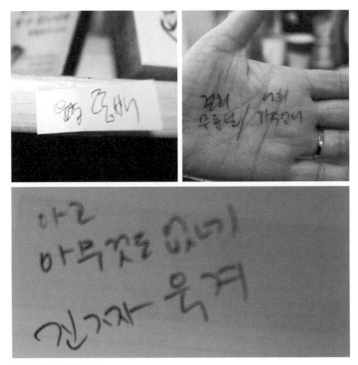

손바닥, 포스트잇의 메모

두 번째는 쓰기. 주로 포스트잇이나 수첩 등에 메모해두었다가 관찰일기에 적기도 하지만 때로는 급한 마음에 달력을 찢어 휘갈겨 쓰기도 하고, 그마저도 없으면 손바닥에 적기도 하고, 휴대폰으로 찰나를 찍어두기도 한다. 아이들의 발음이나 의성어, 의태어를 소리 나는 대로 적다 보니 내 메모들은 내가 아니면 해독 불가한 암호가 될 때도 많다. 그래서일까. 내 메모는 나만의 기쁨이 되기도 한다. 혼자서 메모들을 들춰 보면서 쿡쿡 하고 정신 나간 사람처럼 웃기도 하고, 이 순간을 나만이 기록할 수 있다는 사실에 묘한 희열감이 느껴질 때도 있다. 이런 메모습관 덕분에 아이들을 바라보는 눈과 귀의 감각도 발달하는 듯하다. 오늘은 또 누가 재미있는 말을 할까, 오늘은 누가 얼마만큼 성장했을까, 오늘은 또 얼마나 신나는 일이 벌어질까. 그 순간을 놓치지 않기 위해 오늘도 열심히 기록을 한다.

세 번째는 담기다. 어릴 때 누구나 한 번쯤은 보물찾기놀이를 해 보았을 것이다. 보물찾기를 하다 보면 평소에는 그냥 스쳐지나갈 풀밭도 한 번 더 헤집게 되고, 괜스레 나무 뒤를 돌아가 보기도 하고, 무거운 돌도 들춰 보게 된다. 나는 항상 하루를 이렇게 보물을 찾는 마음으로 지낸다. 그러다 보니 더 보고 더 듣게 되고, 그것들이 너무 아까워 기록하게 되고, 그 기록이 소중해 마음 깊이 저장해두게 된다. 이렇게 20여 년을 살아왔다. 그래서 우리 어린이집 아이들에게 있어서만큼은 나는 최고의 기억대장이다. 보고, 쓰고, 담으니 잊으려야 잊을 수가 없는 것이다.

놓치기 아까운 순간들, 기록이 기억을 만든다

아이들의 말과 행동은 그야말로 찰나에 휙~ 하고 지나간다. 주의를 기울이고 있지 않으면 아무리 사랑스럽고 소중한 아이들의 말과 행동이라 해도 기억에서 사라지기 십상이다.

건강상의 문제로 잠시 어린이집 운영을 쉬었다가 2005년 무렵, 친구의 권유로 놀이학교를 시작하게 됐다. 어린이집과 달리 놀이학교는 일종의 사업과도 같았다. 선생님과 직원 관리, 학습이론 연구 등 경영에 집중하느라 아이들과 함께할 시간이 적었다. 어린이집에 비해 아이들 수가 훨씬 많았음에도 불구하고 말이다.

그렇게 한 1년쯤 하고나니 문득 회의감이 밀려왔다. 하루 일과를 마무리하면서 가만히 아이들을 떠올려 봤을 때, 생각나는 아이들이 없었기 때문이다. 내가 좋아하는 건 아이들과 함께하는 건데 적성에 맞지 않는 사업가놀이를 하며 지쳐가는 느낌이었다.

결국 놀이학교를 접고 어린이집을 다시 시작하면서 원칙을 하나 세웠다. 내 품에 안을 수 있고 내 눈에 들어올 수 있는 인원 정도만

받자. 그 이상을 넘어서면 내 눈에 들어오기도 힘들거니와 한 명, 한 명 애정과 관심을 갖고 지켜보기 힘들기 때문이다.

간혹 어린이집을 왜 더 안 키우느냐, 유치원이나 놀이학교로 확장시켜 봐라 등등의 간섭들이 있지만, 난 내 기억력의 한계를 잘 알고 있기 때문에 지금의 규모를 고집하고 있다. 아이들을 애정 어린 마음으로 바라보고, 관찰일기를 쓰고, 아이들을 하나하나 내 기억과 마음에 담아내려면 지금의 규모가 딱 알맞다.

고집스레 원칙을 지킨 덕분에 아이들과 함께한 순간들은 오롯이 내 기억저장고에 담겨 있다. 물론 수많은 관찰일기들과 함께 말이다. 가끔씩 관찰일기를 들춰보면 맞춤법이 엉망인데다 따옴표와 단어들로 가득차서 알아보기 힘든 글을 보게 된다. 심지어 어떤 글은 글씨 크기마저 들쑥날쑥해서 글이 아니라 그림처럼 보이기도 한다. 아이들 말을 그대로 옮겨 적거나, 순간순간의 모습이나 상황을 포착해서 재빨리 쓰다 보니 그렇다. 그래서 내가 쓴 관찰일기는 글이라기보다는 '기록'에 가깝다. 어쩌면 그래서 더 쓰기 쉬웠고, 습관화되었는지도 모른다.

자신의 기억력을 과신해서는 안 된다. 기억을 하려면 기록을 남겨야 한다. 이렇게 기록으로 저장해둔 기억은 언젠가 추억이 된다. 기록이 기억을, 기억이 추억을 만드는 셈이다. 그래서 내게 '덩덩옥'은 추억이다.

아이의 반짝이는 시기를
기록하라

코딱지랑 콧물이랑 손잡고 나왔어

"원장님, 항상 감사합니다! ♥♥"

말만도 고마운데 애교 섞인 하트가 두 개나 그려져 있었다. 윤형이 엄마가 관찰일기에 써준 메시지다. 나도 가만있을 수 없다.

"저도 엄만 걸요. 평생엄마. 윤형이 커가는 모습 함께 잘 지켜봐요~"

왠지 하트 두 개, 세 개로는 모자랄 것만 같아 윤형이 손바닥만
한 핫핑크 하트모양의 포스트잇에 메시지를 적어 윤형이 엄마 글 밑
에 붙였다.

찐~한 사랑고백은 윤형이 엄마뿐만이 아니다. 가끔씩 관찰일기
에 엄마들의 손글씨가 적힌 것을 보면 가슴이 콩닥콩닥 뛰기까지 한
다. 윤형이 엄마처럼 사랑고백을 하는 엄마도 있고, 집에서 아이와
대화했던 일이나 재미난 사건, 혹은 아이가 문제를 일으켰을 때도 상
세한 묘사와 함께 글을 적어주는 엄마들도 많다.

제목: 손잡고 같이 나왔어

희원이가 코를 후비고 나서 손가락에 묻은 코딱지를 보여줬다.

"희원아! 그거 절대 먹지 말고 옷에 닦지도 말고 기다려! 엄마
가 닦아줄게."

코딱지에 콧물까지 묻어 나와 버린 희원이 코.

"엄마, 코딱지랑 콧물이랑 손잡고 같이 나왔어!"

이제 갓 다섯 살이 된 희원이 엄마의 관찰일기다. 무심코 나도 모
르게 푸핫 웃음을 터뜨린다. 얼른 코를 닦아주려고 서두르는 희원이
엄마와 엄마의 그런 마음도 모르고 해맑게 코딱지와 콧물을 친구로
만들어버린 희원이의 모습이 눈앞에 고스란히 그려진다.

47

48개월 전후엔 언어구사능력이 급격하게 발달해요.
질문도 많이 하고 앞뒤 관계를 인식도 하게 돼요.
질문으로 대화를 더 끌어보세요.
희원이 창의력과 표현력이 쑥쑥 올라갈 걸요?
희원 어머니, 홧팅!!

이렇게 엄마들과 주고받는 러브레터는 하루의 기쁨이자 보람이기도 하다. 물론 엄마들도 마찬가지. 아이가 어린이집에서 돌아오면 제일 먼저 관찰일기부터 펼쳐본다고.

사실 관찰일기가 처음부터 러브레터 기능을 했던 건 아니다. 작년에 세 살 서준이를 데리고 서준이 엄마가 우리 어린이집을 찾아왔다. 난 여느 엄마들과 그랬듯 어린이집 생활과 관찰일기에 대해 열심히 설명했다.

"다른 어린이집도 하던데요? 에이, 전 못 써요. 그거 쓸 시간이 어디 있어요. 애가 둘인데."

심드렁한 반응을 보였던 서준이 엄마. 대부분의 엄마들도 이와 비슷한 반응을 보인다. 다른 어린이집에서 안내문과 간단한 일과 등을 적어 보내는 것과 뭐가 다르냐는 것이다.

그래도 엄마들에게 직접 써보시라고 권유하면 소스라치게 놀라며

깜빡하는 찰나, 아이는 자란다

손사래를 치는 엄마, 아이와 지내기도 바쁜데 그거 쓸 시간이 어디 있냐며 콧방귀를 뀌는 엄마, 말로만 알았다며 시간 나면 써보겠다는 엄마 등등 반응이 다양하다.

제목: 칭그한테 미안해~ 했어요.

하원 중 서준의 말
"엄마, 칭그 미안해~ 해떠여~"
"잉? 서준이, 친구 앙 하고 물었어?"
"아~아아잉~ 미안해~ 해떠여~"
"친구 아야 아프게 때렸어?"
"잉, 미안해~ 해떠여~"

자기가 좋아하는 장난감을 가지고 놀다가 다른 친구가 가져가려고 하니 그대로 달려가 팔뚝을 물어버린 서준이. 예전에도 이런 일이 한 번 있었기에 서준이 엄마는 걱정이 많았다. 하지만 다른 날과 달리 미안해하는 마음과 함께 사과까지 했다니 엄마 마음은 참 뿌듯했을 것이다. 간혹 이런 일이 있을 때는 관찰일기 메시지로 그치지 않고 전화나 문자메시지로 대화를 나누기도 한다. 이처럼 관찰일기는 선생님과 학부모가 어린이집에서 있었던 일과 집에서 있었던 일을 공유하면서 같이 고민하고 해결책을 찾을 수 있다는 점에서 큰 도

49

움이 된다.

엄마들이 관찰일기를 펼치고 펜을 들기 시작하는 데는 또 다른 이유가 있다. 나와 우리 선생님들이 써내려간 관찰일기를 통해 아이의 성장을 엿보고, 그 반짝이는 순간들을 놓치지 말아야겠다는 결심 때문이다.

서준이 엄마처럼 연년생으로 두 아이를 키우며 살림을 하다보면 관찰일기를 쓸 마음의 여유가 생기지 않는 것은 당연했다. 그런데 서준이 엄마는 하루 이틀…… 내가 쓴 관찰일기를 통해 서준이의 어린이집 생활을 들여다보다 보니 때론 웃고, 때론 벅차고, 때론 가슴 아픈 감정들을 느끼게 됐다. 간혹 관찰일기에 아무 것도 쓰여 있지 않은 날에는 괜스레 서운한 마음까지 들었다. 그래서 엄마인 자신의 눈으로 본 이야기도 남겨야겠다는 생각을 하게 됐다. 결정적으로 서준이가 세살 무렵, 말을 하기 시작하면서 서준이 엄마도 펜을 들게 됐다.

"아빠, 추우니까 옷 입고 나가!"

서준이 엄마는 외출하는 아빠를 돌려세우는 서준이의 말이 기특하기도 하고 신기하기도 하고 귀엽기도 해서 관찰일기를 적기 시작했다. 이제는 나보다 서준이 엄마가 쓰는 관찰란이 더 빼곡할 정도다. 글 쓸 시간도 없고 쓰는 방법도 모르겠다던 서준이 엄마는 이제 그 누구보다 열렬하고 성실한 '서준이 일상 기록자'가 됐다.

나와 우리 어린이집 엄마들이 쓰는 관찰일기에는 별다른 형식이 없다. 그저 '무엇을 보았는지' 육하원칙에 맞게 사실을 쓴다. 말이면 말 그대로, 행동이면 행동 그대로 아이를 지켜봤던 내용을 쓴다. 때로는 아이가 '왜' 그랬는지, 어른인 엄마나 나는 어떻게 '이해'하는지, 아이를 위해 무엇을 '도와주면' 되는지를 쓰기도 한다. 요즘은 좀 더 구체화시켜 '눈일기'와 '마음일기'라는 이름을 붙였다. 말 그대로다. 눈일기는 본 것을 쓰면 되고, 마음일기는 생각하고 이해하고 도와주는 엄마 마음을 쓰면 된다.

처음엔 관찰일기를 부담스러워하던 엄마들도 그저 본 그대로만 써도 좋다는 생각을 하게 되면서 눈일기를 잘 채워가고 있다. 별다른 육아법이나 고민이 없어도 된다. 관찰일기는 아이의 그날 있었던 성장의 기록이라는 점만으로도 큰 가치를 지닌다.

10개월 즈음 엉덩방아 찧기를 수없이 반복하고 오른발 왼발을 번갈아 흔들거리며 중심을 잡아가던 태희의 '걸음마 연습기'. 형들의 가위바위보를 흉내내며 좋아하던 18개월 재우의 '둘째 성장기'. 과학관 현장체험을 위해 직접 지도까지 그려온 똘똘이 희재의 '견학날 준비'도 관찰일기에 잘 담겨 있다. 때로는 애정 어린 엄마의 글로, 때로는 나의 오감을 총동원한 암호 글들로 빼곡하게 말이다.

이처럼 그저 당연한 성장의 과정으로만 여겼던 사소한 일들을 하나하나 기록하다 보면 그것은 어느새 성장의 '역사'가 된다. 아이의

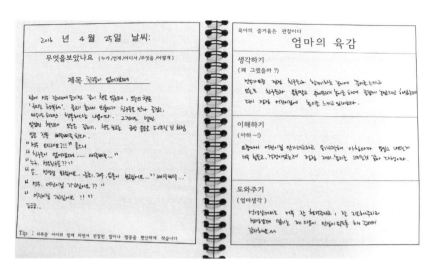

엄마의 관찰일기

성장과정이 일기를 통해 엄마의 기억과 마음에 새겨지면서, 엄마는 자신도 모르게 매일매일 일기를 쓰고픈 욕구가 생겨나게 되는 것이다.

엄마가 저절로 일기를 쓰게 만드는 성장의 마법

그러고 보면 난 참 복 받은 사람이다. 이렇게 매일 많은 엄마들과 러브레터를 주고받으면서 수많은 아이들의 성장을 지켜볼 수 있으니 말이다. 물론 나도 피곤하긴 하다. 하루를 꼬박 아이들을 지켜보고 관찰일기를 쓰는데 시간을 보내면서 '나는 왜 이걸 하는 거지?' 자문할 때도 많다. 하지만 그러고서도 돌아서면 아이들의 걸음마가 보이고, 웃음소리가 들리고, 수다스러운 목소리가 들리니 기록을 안 하려야 안 할 수가 없다. 저 소중한 순간을 본 내가 기록하지 않는다면 그 누가 이 순간을 기억해줄까 싶어서다. 그래서 난 엄마들에게 항상 이야기한다. 아이를 사랑하는 마음이 저절로 일기를 쓰게 할 거라고. 그리고 그 일기에 아이의 반짝이는 시기가 차곡차곡 담길 거라고 말이다.

마음과 마음은
눈에서 시작된다

당근이랑 풀 이~만큼 머거쩌요

'오늘은 누구의 낮잠을 방해해 볼까나.'

스머프들을 괴롭히는 가가멜도 아니고, 낮잠 시간이 시작되면 나는 어슬렁어슬렁 반마다 돌아다니며 아이들을 둘러본다. 아이들에겐 자유놀이 후 에너지를 충전하는 시간이지만 나에겐 아이들과 소통하는 소중한 시간이기도 하다.

"원담밈! 왜 자꾸 돌아다녀요!"

아직 잠들지 않은 네 살 우현이가 실눈을 뜨고 나를 꾸짖는다.

"미안, 미안. 우현아 코~ 하고 자."

"하나, 두울, 세엣~"

준영이와 현송이, 은찬이는 때 아닌 숫자세기 경쟁에 빠졌다. 준영이가 물꼬를 트고 나니 너도나도 숫자세기에 동참한 듯했다.

"애들아, 쉿! 동생들이 깨면 안 돼요~"

아이들을 재우는 선생님을 뒤로하고 까치발을 들고 서 있는 다섯 살 반, 민우에게로 향했다. 세 살 때부터 우리 어린이집을 다니기 시작한 민우는 한 살 터울의 누나와 외할머니 그리고 엄마와 함께 살고 있는 아이다. 엄마아빠의 이혼으로 외갓집에 오게 되면서 우리 어린이집과 인연을 맺게 되었다. 엄마는 직장생활을 해야 했기 때문에 고령의 외할머니가 두 남매를 돌봤다. 이런 상황이다 보니 민우는 엄마의 사랑에 목말라 있었다. 게다가 이혼 전 엄마아빠의 싸움을 자주 보고 자란지라 민우는 다른 아이들에 비해 다소 거칠고 감정조절이 안 되었다.

예전엔 친구들과 투덕투덕 다툼이 있었다면, 요즘은 분노조절이 안 돼 의자를 쓰러뜨린다거나 책들을 꺼내어 교실에 흩뜨리고, 밥을 먹다가 식판을 뒤집는 등 거친 행동이 심해졌다. 그런 민우를 나는 '낮잠 친구'로 선택했다.

"민우야, 오늘 재미있었어?"

눈도 마주치지 않고 도리도리, 고개만 내젓는다.

"왜? 선생님은 민우가 재미있게 지냈으면 좋겠는데."

"나, 저거. 저거 좋아."

사실 민우는 말이 늦게 트여서 감정표현이 서툴다. 그러다 보니 과격한 행동으로 감정을 나타냈던 것이다. 나는 민우가 좋아하는 장난감 핸드폰을 가지고 상황극을 하며 기분을 맞춰준다.

"민우, 낮잠 자야 하는데…… 선생님이랑 놀고 싶어?"

끄덕끄덕. 눈망울이 초롱초롱한 것이 좀 전 자유놀이 시간의 그 거친 아이는 온데간데없다.

"민우는 아까 화장실 갈 때 한 줄로 잘 서서 가더라, 정말 사랑스러웠어. 사랑해, 민우도 원장님 사랑해?"

그러자 또 끄덕끄덕. 옆으로 누운 채로 고개가 내젖혀진다.

민우의 과격함이 잦아지면 잦아질수록 나는 민우와의 낮잠 토크 시간을 자주 가지려 노력했다. 그리고 민우 옆에 누워서 민우가 좋아하는 장난감이나 놀이 이야기로 말을 트면서 항상 끝맺음은 친구들과 가족들, 선생님이 민우를 얼마나 사랑하는지를 알려주고 꼭 안아주곤 했다. 그 까만 눈동자에 눈을 맞추면서.

민우의 변화는 아주 천천히 나타나기 시작했다. 다섯 살 후반쯤 되었을까? 하원할 때 민우가 내게 다가와 말을 걸었다.

"나 당근이랑 풀, 이만큼 머거쪄요. 원담밈이 아까 안아줘서."

원래 채소를 싫어하는 아인데, 내 포옹에 화답하듯 채소도 먹었다고 자랑하는 민우. 그간의 낮잠 토크가 헛된 건 아니었나 보다.

눈을 마주쳐야만 보이는 것들

난 하루를 마감할 때마다 유독 생각나는 아이가 있거나 뭔가 허전함이 느껴지는 아이가 있으면, 꼭 한 번씩 체크해 보는 것이 있다.

'내가 요즘 ○○를 얼마나 안아줬지?'

'○○가 어제 결석을 했었구나!'

'○○랑 낮잠 시간에 이야기 나눈 적이 언제지?'

아이와 친해지는 방법은 의외로 간단하다. 몸과 몸을 맞닿으며 열심히 놀고, 사랑한다 말해주며 꼭 안아주는 것이다. 그리고 반드시 잊지 말아야 할 것이 있다. 바로 눈을 마주치는 것이다. 우리는 흔히 눈높이 교육이란 말을 하곤 한다. 아이의 생각에 맞춰 교육하라는 의미이지만, 난 좀 다르게 말하고 싶다. 눈의 높이를 맞추는 게 아니라, 말 그대로 눈을 맞추는 것부터 시작하라는 것.

아이의 눈 속에는 많은 것이 담겨있다. 앙탈 속에 숨어있는 애정에 대한 갈구, 수줍음 속에 담겨있는 호기심, 거친 행동 속에 가려진 상처 입은 동심…….. 눈으로 바라보지 않으면 절대 알 수 없는 것들이다.

　자유놀이 시간이 아이들과 몸을 부닥치며 '깔깔깔깔' 소통하는 시간이라면, 낮잠 시간은 내가 오롯이 한 아이에게 집중해 눈을 마주치는 소중한 시간이다. 때로는 앞뒤가 맞지 않는 아이들의 상상이야기를 귀기울여 들을 때도 있고, 때로는 배를 쓰다듬어주며 사랑을 불어넣는 '원장님 마법'을 쓸 때도 있고, 때로는 잠이 들락 말락 말소리가 작아지는 아이를 꼭 안아주며 "사랑해~"라고 자장가 대신 읊어줄 때도 있다.

　낮잠 시간의 눈맞춤 토크를 거친 아이들에게 한동안 나는 최고의 '베프'가 된다.

　"원담밈, 있잖아요……"

　조그만 손으로 내 귀를 감싸며 들려주는 비밀 이야기가 얼마나 짜릿한지, 그리고 그 공유의 기쁨이 얼마나 큰지는 겪어봐야만 안다.

　아이의 마음을 여는 방법, 그건 눈을 바라보며 귀기울이는 것이라는 걸 많은 엄마아빠들이 다시금 되새겨봤으면 좋겠다.

깜빡하는 찰나, 아이는 자란다

관찰일기, 언제 어떻게 무엇을 쓸까요?

▶ 관찰육아란?

수많은 육아이론, 육아정보가 넘쳐나는 요즘입니다. 그런데도 많은 부모들이 육아의 힘듦을 토로하고, 육아법을 찾아 헤매곤 합니다. 육아는 소중한 생명을 기르고, 보살피는 것이니 어렵고 힘든 것이 당연합니다. 그런데 육아가 쉬워질 순 없으나 즐거워질 수는 있습니다. 그러기 위해서는 '나다운 육아' '내 아이에게 맞는 육아' 그리고 '내 눈과 마음으로 직접 느끼는 육아'를 해야 합니다.

'관찰육아'는 엄마에겐 즐기는 육아, 아이에겐 관심과 애정을 주는 육아를 지향합니다. 또한 아이에게 집중해 눈과 귀를 열고 마음으로 아이를 이해하는 육아법이기도 합니다. 관찰육아는 훈육, 수정이 아닌 '이해'에 초점을 두고 아이의 일상을 기록합니다. 관찰육아는 아이가 가장 반짝이며 성장하는 시기인 0세에서 만5세까지의 성장 과정을 엄마가 보고들은 대로 기록해나가는 '내 아이의 역사'를 만드는 육아법입니다.

Q1. 관찰일기가 뭐예요?

A. 아이의 성장스토리를 역사책처럼 기록하세요.

관찰육아의 키워드는 '보기'입니다. 가장 먼저 아이의 일상을 보고, 그것에 집중하다 보면 아이의 마음이 보이게 됩니다. 눈으로 본 것을 '눈일기', 마음으로 본 것을 '마음일기'라 부르는데요, 먼저 보고 들은 대로 아이의 일상을 기록하고, 점차 익숙해지면 마음으로 본 것을 써내려가면 됩니다. 다시 말해 눈을 뜨고 본 것과 마음을 열어 본 것을 연결하는 것이 바로 관찰일기입니다. 아이가 무얼 먹고, 어떤 말을 하고, 어떻게 행동하는지 등, 기본적인 것에서부터 아이에게 일어난 다양한 일들을 엄마의 시선으로 써내려가는 것이죠. 엄마뿐만 아니라 어린이집 선생님, 아이를 돌봐주는 가족들, 지인들의 시선도 함께 담기면 더욱 풍성한 '내 아이 역사'가 될 것입니다.

Q2. 언제 쓰는 것이 좋을까요?

A. 쓰기 편한 시간을 정해 습관화해보세요.

일기의 기본은 매일 쓰는 것이지만 관찰일기는 매일 쓸 필요가 없습니다. 습관처럼 아이의 일상을 적어도 좋고, 특별히 기록에 남기고 싶을 때만 써도 좋습니다. 단, 좀 더 관찰일기를 유용하게 쓰고 싶다면, 주기적으로 시간을 정해놓고 그 시간에 써보세요. 가령 오늘이든 어제든 일어난 일을 기억해뒀다가 아이가 잠든 직후, 혹은 아이가 등원한 동안, 혹은 주말 시간 등 정해진 시간에 쓰는 것이 좋습니다. 시간이 부족하거나 쓸 타이밍을 놓친다는 분들도 있는데요, 아주 가끔씩이라도 포기하지 않고 쓰는 것이 필요합니다. 주 1회 혹은 월 몇 회, 아니면 틈틈이 생각날 때만이라도 말이죠. 한 장, 두 장 쓰다 보면 관찰일기의 매력에 흠뻑 빠지실 거예요.

Q3. 어떻게 써야 할까요?
A. 자유롭게, 다양한 도구를 활용하세요.

보는 데 치중해 기록을 놓치는 엄마, 잘 생각해뒀다가 써야지 하면서도 막상 쓸 때는 까먹는다는 엄마 등등 쓰는 방법을 고민하는 분들도 있습니다. 메모지, 달력, 손바닥, 휴대폰의 메모장, 휴대폰 카메라 등 주변의 다양한 도구를 사용한다면 기록이 훨씬 쉬워집니다. 관찰일기는 오로지 엄마와 아이를 위한 것입니다. 글씨를 잘 쓰거나, 긴 글일 필요가 없습니다. 엄마만의 방식으로 메모를 남겨보세요. 시간이 지나다 보면 누가 시키지 않아도 자신도 모르게 장문의 일기를 써내려

가게 될 거예요.

Q4. 무엇을 쓸까요?

A. 육하원칙으로 일상기록부터 시작하세요.

형식은 따로 없습니다. 부담을 갖지 말고 먼저 '눈일기'에 도전해보세요. 신문기사처럼 언제, 어디서, 누가, 무엇을, 어떻게, 왜 등 육하원칙에 맞게 그날의 내 아이 모습을 기록하면 됩니다. 맞춤법, 문법 등은 신경 쓰지 않아도 돼요. 아이가 말한 발음 그대로 따옴표로 따와도 됩니다. 아이가 큰소리를 냈다면 큰 글자로, 속삭였다면 작은 글자로 표현하기도 하고, 다양한 스티커로 그날의 느낌을 표시하는 것도 좋은 방법입니다. 일상을 기록하는 것이 습관화되면, 다음 단계인 '마음일기'를 같이 써보세요. '눈일기'가 보고 들은 그대로의 기록이라면, '마음일기'는 마음으로 본 기록입니다. 만약 아이가 울음을 터뜨렸다면, '눈일기'에는 아이가 울은 상황, 우는 모습 등을 적고 '마음일기'에는 왜 울었는지, 엄마 마음은 어땠는지, 아이와 어떻게 풀어 가면 좋을지 등을 적으면 됩니다.

깜빡하는 찰나, 아이는 자란다

▶ 관찰일기의 가치

- 아이의 행동과 말을 직접 보고 듣고 쓰면서 저절로 아이의 마음까지 이해하게 돼요!

- 훈육과 수정육아 시 근거자료로 활용할 수 있어요!

- 아이의 성장을 고스란히 담을 수 있어요!

- 육아를 분담하는 가족들, 선생님들과 정보를 공유할 수 있어요!

- 엄마의 마음이 담긴 세상 하나뿐인 역사책이 될 수 있어요!

PART 2

◇◇◇◇◇

아이가 원하는 엄마는
'우리 엄마'

나는 매 순간 세 살이 되기도 하고 네 살, 다섯 살이 되기도 하며 그 또래 아이처럼 생각하고 즐거워하려 한다. 내가 아니더라도 아이는 세상을 살아가며 무한히 많은 것을 배워나갈 것이다. 나는 그 와중에 세상 가장 좋은 친구가 되고 싶다. 비록 세월이 지나 나를 잊더라도 함께한 그 순간의 즐거움이 아이의 몸속, 마음속에 가득 배여 있길 기대하면서 말이다.

최고의 엄마는
'우리 엄마'

엄마, 주부 좀 하세요!

깔깔깔! 으하하! 다섯살반이 오늘따라 떠들썩하다. 뭔 재미있는 놀이를 하나 싶어 교실을 들여다봤다. 한참 신난 분위기에 섞여 나도 함박웃음을 지으며 아이들을 지켜보는데 시은이가 살며시 다가와 묻는다.

"원장님, 엄마 있어요?"

"응, 원장님도 엄마 있지. 그런데 지금은 아프셔서 병원에 계셔. 그런데 왜?"

67

"기냥요…… 근데 원장님, 원장님 엄마는 예쁠 거 같아요!"

"왜 예쁠 것 같아?"

"원장님이 예쁘잖아요. 맨날 웃잖아요."

잠시 후 내 방으로 돌아와 거울을 봤다. '어디가 예뻐 보인 거지?' 하루 종일 싱글벙글 웃고, 항상 자기들을 바라봐주고 놀아주니 감사하게도 다섯 살 시은이 눈엔 오십이 넘은 원장님이 기특하고 예뻐 보였나 보다.

어린이집에서 나는 제대로 걸어갈 수가 없다. 내가 나타나면 좋아하는 아이들 때문이다. 다리에 매달리고, 어깨에 매달리고, 어떤 땐 양 발목에 모래주머니를 찬 것처럼 아이들이 매달려서 썰매놀이 삼아 매달린 아이들을 끌고 교실을 누비기도 한다.

어린이집에서 가장 크게 웃고, 가장 열심히 이야기하는 사람은 나다. 아이들의 외계어 해석도 수준급. 서당개 3년이면 풍월을 읊는다는데 어린이집 20여 년 생활에 관찰일기를 써온 것만 해도 얼마인가! 그 일기들에 고스란히 적힌 아이들의 말과 생각을 떠올리면 이 정도는 당연한 셈. 그러다 보니 아이들에겐 가장 재미있는 놀이상대이자 대화상대가 나인 셈이다. 하지만 그동안의 관찰과 경험을 바탕으로 아이들과 '함께'하는 방법을 알게 된 것이지, 나도 한때는 아이 마음 몰라주는 그저 그런 어른에 불과했다.

깜빡하는 찰나, 아이는 자란다

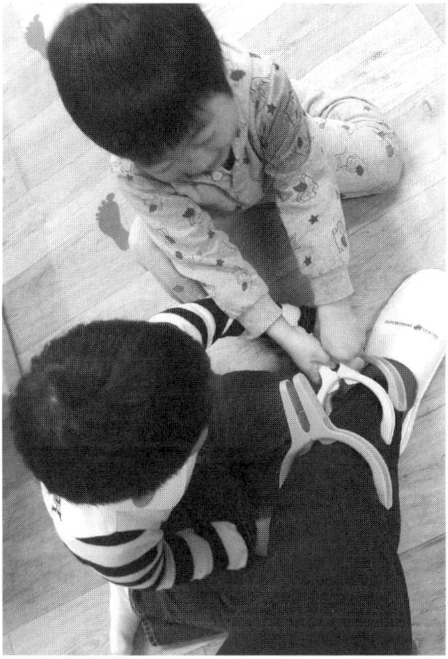

다리에 집게 꼽고
노는 아이들

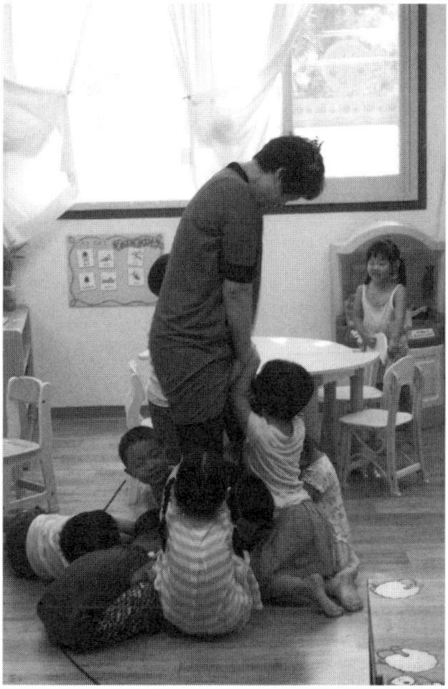

아이들 때문에
걸을 수 없어요

둘째가 초등학교 3학년 때 일이다. 어린이집을 운영한 지 10년 차에 접어들었을 때였다. 하루는 이 녀석이 엄마에게 명령 아닌 명령을 내렸다.

"엄마! 엄마도 주부 좀 하세요!"

그러면서 엄마가 주부인 애들은 숙제도 잘하고 준비물도 잘 챙긴다는 이유를 달았다. 아이의 원망 섞인 말을 듣고 나니 애써 눌러두었던 '일하는 엄마 죄책감'이 불쑥 튀어나왔다. 그래서 잠깐이나마 소원이라도 들어주자 싶어 어린이집에 출근하지 않고 둘째가 말한 '주부 역할'에 돌입했다.

아침에 학교 준비물도 챙겨주고, 학교에서 돌아오면 숙제도 봐주고, 간식도 해주고, 일거수일투족을 세심하게 챙겼다. 어떨 땐 학교 앞까지 배웅을 나가 집에 오는 길에 떡볶이도 사주고, 가방도 들어줬다. 그러길 일주일쯤 지났을까. 둘째가 조심스럽게 말을 꺼냈다.

"엄마…… 주부 계속 할 거예요?"

"응, 계속하려고. 그런데 왜?"

"엄마, 이제 주부 그만해도 되겠어요. 엄마가 말을 너무 많이 해서 힘들어요."

이런 당돌한 녀석을 봤나. 제 맘대로 해라, 마라 하니. 하지만 사실 아차 싶었던 건 둘째 말이 틀린 게 아니란 것이었다. 말이 주부이지 아이가 원한 건 '엄마' 역할인데 내가 그 기대에 부응하지 못했던

깜빡하는 찰나, 아이는 자란다

것이다. 아이는 엄마가 집에서 함께 있어주는 것만으로도 좋다고 생각했는데, 난 모든 걸 챙기고 지적하고 있었던 거다.

그동안 일에 치여 아이를 제대로 챙기지 못한 건 사실이었다. 그러다가 아이와 함께 있게 되니 도시락에 반찬 남기는 거며, 서투른 받아쓰기, 아무렇게나 벗어놓은 양말들만 잔뜩 눈에 보였다. 하나부터 열까지 성에 안 찼고 나도 모르게 24시간 잔소리 모드로 변하고 말았다. 결국 합의 아닌 합의 하에 나는 원래대로 '일하는 엄마'로 돌아갔고 아이는 아이대로 스스로 챙기는 일상으로 돌아갔다. 24시간을 함께하지 않아도 엄마는 아이를 사랑하고 믿어준다는 걸 둘째도, 나도 알았기 때문이다. 대신 아이의 말을 들으려 애썼다. 오늘은 어땠는지, 어떤 생각을 하는지, 있는 그대로 읽어내려 노력했다. 그 뒤로 지금까지 난 아이가 원하는 주부가 된 적이 없다.

얼마 전 군대에서 휴가를 나온 둘째에게 물었다.

"윤수야, 엄마는 어떤 엄마니?"

"우리 엄마는 세상에서 최고의 엄마죠!"

아이가 그토록 원하던 주부는 못 되었지만, 내 아이에게 최고인 엄마, '우리 엄마' 역할은 톡톡히 했나 보다.

엄마란? 마음으로 함께하는 사람

동화작가 앤서니 브라운이 쓴 책 〈우리 엄마〉에서는 엄마를 이렇게 표현하고 있다. "정말, 정말 멋진 우리 엄마! 우리 엄마는 무용가가 되거나 우주비행사가 될 수도 있었어요. 어쩌면 영화배우나 사장이 될 수도 있었겠죠. 하지만 바로 우리 엄마가 되었어요." 아이에게 엄마란 '우리 엄마'이기에 더 소중한 존재다.

내가 생각하는 엄마는 시간과 공간을 초월해 언제나 아이와 함께하는 사람이다. 잠시 떨어져 있다 해도, 세월이 흐른다 해도, 또 이 세상에서의 인연이 끝난다 해도 내 아이의 엄마라는 사실은 변함없다. 그래서 엄마는 종신직이다. 평생 아이와 함께할 관찰자이자 조력자다.

엄마들이 자신의 역할에 대한 올바른 인식만 있다면 육아도 엄마에게는 즐거움이 된다. 해결하고 가르치거나, 육아를 미루거나 혹은 매달리기에 앞서 먼저 아이를 사랑하고 영원히 함께할 거라는 마음만 잘 전달해도 이미 훌륭한 엄마다. 그래서 난 많은 엄마들이 자신의 역할에 부담을 느끼지 말고 아이의 성장에 집중하길 권유한다. 두 귀와 눈과 마음만 잘 열어도 충분히 좋은 엄마다.

눈높이가 아닌
마음높이 맞추기

이딴 게 뭐가 무서워요

"우당탕, 꺄악! 꺄악!, 으앙~"

'음, 소리 지르며 뛰는 놈 하나에 우는 놈 여럿…… 또 요녀석이구만.' 안 봐도 비디오라는 말은 이때 써먹나보다. 다섯살반 교실에서 한바탕 소동이 일어나는 소리를 듣는 순간 내 머릿속엔 이미 교실 상황이 그려졌다. 또 희재가 말썽을 부린 것일 게다.

73

희재의 집중력

우리 어린이집 최고의 개구쟁이 희재. 이미 8년 전 일이니 벌써 초등학교 고학년이 되었을 희재는 우리 어린이집 역대 개구쟁이 Top3에 들 만한 아이였다. 또래에 비해 키는 작지만 몸집이 단단한 것이 어찌나 재빠른지, 걷기보다 뛰는 것이 더 익숙했던 희재는 어린이집에만 오면 교실 이곳저곳을 누비느라 항상 분주했다. 그냥 '누비기만' 하면 좋으련만 교구장이며 사물함을 뛰어넘고 올라가곤 했던 희재 때문에 다른 아이들이 희재 몸에 부딪치는 등, 약간의 피해 아닌 피해를 입는 건 다반사였다. 현장체험 견학이라도 잡히면 선생님들은 머리를 맞대고 개구쟁이 희재를 어떻게 관리할 것인가, 작전을 짜야만 할 정도였다.

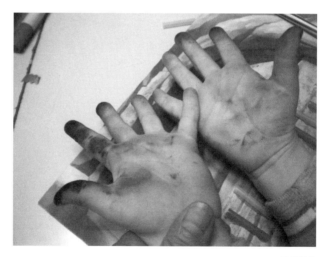

희재의 손

그러던 중 내가 희재를 보면서 알게 된 사실 몇 가지 덕분에 어린이집에 평화(?)가 찾아왔다. 희재는 책을 읽거나 그림을 그릴 때는 누가 불러도 못 듣거나 물감이 온 범벅이 되어도 못 알아차릴 정도로 몰입이 강한 아이였다. 나는 희재가 가진 '순간의 집중'을 이용해 개구쟁이 기질을 순화시키기로 마음먹었다.

그날도 우당탕 뛰며 노느라 친구를 넘어뜨려 울려버린 희재.

"희재야, 이리 와봐."

"왜요?"

희재는 대답만 하고선 다른 친구 등 뒤로 쏙 숨어서 실실 웃었다.

"내가 배가 아프거든. 그런데 화장실에 가려니까 어제 꾼 무서운 꿈 생각이 나서 못 가겠어. 희재가 좀 도와줄래?"

희재는 그제야 얼굴을 쏙 내밀더니 내 앞으로 다가왔다.

"알겠어요."

그러고선 재빨리 내 손을 잡고 화장실로 안내했다. 나는 화장실 안에서 볼일을 보는 척하면서 밖에서 기다리는 희재에게 말을 걸었다.

"희재야, 밖에 있지? 희재 때문에 하나도 안 무섭다~"

"히힛, 이딴 게 뭐가 무서워요."

"근데 희재야. 아까 친구는 왜 운 거야?"

말보가 터진 희재의 이야기가 술술 이어진다. 재미있게 놀려고 했는데 친구가 겁먹어서 울었다면서 제 딴에도 살짝 당황한 눈치다. 이야기는 집에서 누나와 놀았던 일, 엄마에게 혼났던 일 등으로 끊임없이 이어졌다.

그 후로도 가끔 나는 희재에게 도움을 요청하곤 했고, 희재는 말썽 대신 도움을 주는 아이로 조금씩 변화해갔다.

희재뿐만 아니라, 나는 아이들에게 자주 SOS를 외치곤 한다.

"○○야, 원장님 밴드 좀 붙여줄래? 손가락을 다쳤어!"

"○○야, 여기 책 정리가 너무 힘들다~ ○○가 도와줄 수 있겠니?"

제아무리 새침데기, 부끄럼쟁이, 말썽쟁이라도 내 SOS에 아이들은 항상 흔쾌히 답해준다. 부족한 원장님의 도우미를 자청하면서. 아이들은 떼를 부리다가도, 장난을 치다가도, 투정 부리며 눈물범벅이 되다가도 금세 내게 도움을 주는 어른스러운 아이로 변모한다.

아이들에게 나는 원장님이나 선생님이라는 이름을 가진 어른이기보다는 친구이다. 뭐든 잘 해낼 것 같고, 세상 모든 것을 다 아는 척척박사가 아니라 2% 부족한 '친구'다. 나는 변신에도 능하다. 네살반에 가면 네 살이 되고, 다섯살반에 가면 다섯 살이 된다. 때로는 교실 바닥에 누워 아이들과 함께 도란도란 이야기를 나누기도 하고, 고사리 같은 손을 붙잡고 어린이집이 떠나가라 큰 소리로 노래를 하

77

기도 한다. 예쁜 핀을 꽂고 온 아이가 있으면 내 목걸이와 맞바꾸기를 해서 하루 종일 드레스코드를 맞추기도 하고, 가끔씩 각 반을 돌며 수업을 지켜보기도 하는데 이럴 때 아이들은 대환영이지만 선생님들은 싫은 기색이 역력하다. 아이들이 원장님만 나타나면 눈이 반짝거리기 시작하며 수업에 방해가 된다는 볼멘소리를 담임선생님들로부터 듣는다. 하지만 어쩌랴. 아이들에게 나는 친구이자 놀이 상대이니 말이다.

밖에서도 나를 발견하면 "원장님~" 하며 뛰어오는 아이들이 그렇게 예쁠 수가 없다. 나를 좋아해주는 아이들이 있으니 나도 덩달아 하루하루 신이 난다. 아침마다 오늘은 뭘 하고 놀아줄까, 어떤 재미있는 일이 일어날까를 생각하곤 한다.

마음을 낮추면 보이는 아이들 마음

공자 가라사대, "사람은 자기보다 높은 곳 혹은 낮은 곳에서 복을 구하지만 복은 나 자신과 같은 높이에 있다."고 했다. 아이에게도 어른에게도 행복은 딱 그 높이에 있다. 그러나 우린 그 사실을 잊은 채 어른의 눈으로 아이를 보고, 어른의 마음으로 아이를 이해하려 한다. 때로 눈을 맞춘다며 자세를 낮추기도 하지만 몸만 낮춘 것이지 눈과 마음은 여전히 어른의 그것인 채일 때가 많다. 그래서 난 2% 부족한 '모질이 원장님'이 되길 자청한다. 그 조막만한 손과 반짝이는 눈빛들이 내게 친구처럼 손을 내밀고 귓속말을 해댈 때면 그보다 더 큰 행복이 없다. 때론 도움도 주고받고, 일상의 대화를 나누며, 비밀을 공유하기도 하는 친구 사이. 내겐 그런 친구들이 매년 한 가득이다.

　나는 매 순간 세 살이 되기도 하고 네 살, 다섯 살이 되기도 하며 그 또래 아이처럼 생각하고 즐거워하려 한다. 내가 아니더라도 아이는 세상을 살아가며 무한히 많은 것을 배워나갈 것이다. 나는 그 와중에 세상 가장 좋은 친구가 되고 싶다. 비록 세월이 지나 나를 잊더라도 함께한 그 순간의 즐거움이 아이의 몸속, 마음속에 가득 배여 있길 기대하면서 말이다.

아이의 '함께'와
어른의 '함께'의 차이

큰 이모가 더 좋아요

우리 어린이집의 똘똘이 현수는 이모 부자다. 현수가 예뻐서 어쩔 줄 몰라 하는 이모가 둘이나 있기 때문이다. 두 이모 모두 현수에게 쏟는 애정이 각별하다. 하지만 현수의 마음은 큰 이모에게 기우는 모양이다. 엄마에게 큰 이모가 더 좋다고 선언까지 했으니 말이다. 똑같이 애정을 쏟았음에도 불구하고 1패를 거두고만 작은 이모. 대체 두 이모의 차이는 뭐였을까?

먼저 큰이모. 현수와 함께 어떻게 놀아줄까를 매일 궁리한다는 큰

이모는 다 쓴 두루마리 휴지 속심이나 종이컵을 모아 현수와 만들기 놀이를 한다. 베개와 이불을 가지고 요새를 함께 만들다 엄마에게 같이 혼도 나고, 현수와 머리를 맞대고 색칠공부를 하며 낄낄, 깔깔 웃어대기도 한다.

그렇다면 현수의 2순위가 되어버린 둘째이모는 어떨까? 현수를 사랑하는 마음은 큰이모 못지않은 둘째이모. 둘째이모의 애정은 물량공세다. 슈퍼에 데리고 가서 맛있는 과자나 아이스크림도 사주고, 현수가 갖고 싶어 하는 장난감도 사주곤 한다. 둘째이모는 현수의 손을 꼭 붙잡고 마트의 장난감 코너나 슈퍼에 가는 게 그리 즐겁단다.

그런데도 현수가 큰이모의 손을 들어준 이유는? 두 이모 다 현수와 함께 시간을 보내고 현수를 즐겁게 하려 애쓰지만, 작은이모는 '함께'한다는 것을 그저 '같이 있는' 것으로만 생각하고 큰이모는 '같이 노는' 것이라 생각했기 때문은 아닐까?

나 역시 현수의 큰이모와 마찬가지로 아이들과 함께 노는 것에 많은 시간을 보낸다. 어린이집에서 점심시간이 지나고 나면 낮잠 자는 시간 전까지 놀이 시간이 주어진다. 유희실에서 아이들이 마음껏 놀기 시작할 때 내가 투입된다. 우리 어린이집에서 가장 나이가 많지만 가장 잘 노는(?) 사람이 나이기 때문이다.

어떤 때는 보자기에 아이들을 태우고 썰매를 타기도 하고, 두루마

함께 목욕놀이 중

보자기 썰매타기

리 화장지를 징검다리처럼 만들어놓고 도미노 놀이를 할 때도 있다. 꽃꽂이용 스티로폼에 물을 적셔 스파게티 면 꽂기, 고무대야 안에 콩을 가득 담아 콩 까기 등등 매일매일 놀 거리는 수백, 수천 가지다. 나는 아침에 눈을 뜨면 어떤 놀이를 할까 고민부터한다. 주변에 흔한 생활용품들을 놀이에 어떻게 활용할까를 생각하느라 내 머릿속은 바빠진다. 그래서 아이들은 나와 함께할 때면 비싼 교구나 장난감 대신 온몸으로 놀며 즐거움을 만끽한다.

어른들이 하는 큰 착각 중 하나가 아이를 돌봄의 대상으로만 본다는 점이다. 물론 어른이 아이를 돌보는 건 책임이자 의무다. 하지만 아이를 기른다는 것은 울타리 안에서 가축을 사육하는 것과는 다르다. 육아를 힘들어하는 엄마들을 보면 아이 마음을 읽지 못하는 경우가 많다. 아이가 왜 우는지, 왜 떼를 쓰는지, 무엇을 원하는지를 몰라 갈팡질팡하다 어른의 기준에서 아이를 혼내고, 어르는 데만 집중한다. 하지만 사실 알고 보면 아이가 원하는 것은 하나다. '나처럼 생각하고, 나처럼 느껴주세요'이다.

18개월 된 은솔이도 마찬가지였다. 어린이집에 등원하기 시작하면서 엄마랑 떨어진 설움에 울음을 그치지 않기를 며칠 째. 선생님들은 안아 달래기에 바빴지만 은솔이는 울음을 그칠 줄 몰랐다. 나는 그런 은솔이에게 다가가 말을 걸었다.

"은솔아, 엄마한테 가고 싶어? 원장님 손가락 잡아~"

나는 은솔이를 신발장으로 데리고 갔다.

"어느 게 은솔이 신발이야? 요기 빨간 거니, 아님 요기 운동화일까?"

일부러 친구들 신발을 하나씩 가리키고 손에 들고 요리조리 돌려보며 은솔이의 관심을 끌어보았다. 그러자 은솔이가 신발장에 놓인 다른 친구의 반짝거리는 신발에 관심을 두는 것이 눈에 보였다. 그 새를 놓칠세라 나는 은솔이에게 직접 신발을 꺼내보라고 시켰다. 그렇게 여러 개의 신발을 꺼냈다 다시 넣었다 반복하다 보니 은솔이의 울음도 뚝. 엄마한테 간다던 은솔이는 신발 옮기기 놀이에 집중하며 웃음까지 터트린다. 다음날도 은솔이를 보자마자 나는 은솔이의 관심을 끌기 위해 손을 잡고 어린이집 여기저기를 돌아보며 은솔이가 좋아하는 걸 찾아보았다. 어떤 날은 책 꺼내기 놀이, 어떤 날은 바구니에 장난감 담기 놀이 등 은솔이가 좋아하는 놀이를 찾아 함께 놀다 보니 어느새 은솔이는 울음 없이 등원하게 됐다.

아이 마음의 비밀은 아주 가까이에

제임스 서버가 1944년에 썼던 동화 〈아주, 아주 많은 달〉에는 하늘의 달을 따달라는 공주님이 등장한다. 금지옥엽 공주님의 소원을

깜빡하는 찰나, 아이는 자란다

들어주고자 왕은 각각의 전문가들에게 달을 가져올 방법을 물어보지만 방법이 있을 리가 없었다. 몸이 아파 드러누운 공주지만 달만 가져오면 낫겠다고 하니 왕의 마음은 애가 바짝바짝 탔다. 이때 광대가 묘안을 냈다. 공주에게 직접 어떤 달을 원하는가 물어본 것이다. 달은 달이지 어떤 달이냐니, 대체 광대는 뭘 생각한 걸까? 그러자 공주는 "자신의 엄지손톱보다 작고, 금으로 된 둥글고 납작한 것"이라 말했다. 그러자 광대는 황금으로 조그만 동전 모양의 달을 만들어 공주에게 가져다주었고, 공주는 병이 말끔히 낫게 되었다. 그저 본인에게 물어보고 그대로 해주기만 하면 되는 이 단순한 해법이 어른들의 머리로는 해결하기 너무나 어려운 문제였던 것이다.

아이들 마음도 그렇다. 몇 시간 줄을 서서 사다준 터닝메카드를 손에 쥐어줘도 금세 싫증내며 떼쓰는 아이에게 엄마, 아빠는 말한다. "얼마나 어렵게 구한 건데 넌 대체 왜 그러니?" 부모는 아이가 변덕이 심하다며 고개를 내젓겠지만 어쩌면 아이는 터닝메카드를 원한 게 아니라 터닝메카드를 가지고 함께 놀아줄 엄마, 아빠를 원한 것인지 모른다.

그 어떤 비싼 장난감이나 책보다도 아이가 원하는 건 '함께하기'일 것이다. 함께 몸으로 놀고, 함께 웃고, 함께 배를 잡고 떼구르르 구르며 웃을 그런 어른. 아직도 아이 마음을 몰라 갈팡질팡한다면 더 단순하게 생각해보자. 공주가 그토록 원하던 달을 가져다준 광대처럼.

85

엄마의 룰로
채워가는 육아

언니를 자꾸 때리네요

육아의 궁금증과 내 아이에 관해 알고 싶은 것들이 너무 많죠?
사용료 없이 저를 부담 없이 사용해 보세요!
(사용료는 국가가 부담합니다~ ^^)
정답이 아닌 해답을 드릴게요!

　　나는 일년에 두어 번 정도 학부모들에게 초청장을 보낸다. 일명
〈원장사용설명서〉. 궁금한 것, 다 함께 알았으면 하는 것이 있어서

초대를 하기도 하지만, 사실은 아이를 보살피는 입장에서 눈이라도 한 번 마주치자는 의미에서 만든 자리이다.

감사하게도 나의 초청에 화답하는 학부모들이 많은 편이다. 주로 엄마들이 많이 참석하지만, 아이를 맡아 키우다시피 하시는 할머니, 아이에게 관심이 많은 아빠 등 다양한 분들이 참석해서 '원장사용설명'을 열심히 들어주고 가신다. 초청한 나로선 그저 감사할 따름이다. 저녁준비에 한창일 시간, 퇴근 후 바삐 귀가하고 있을 시간, 그런 소중한 시간을 내준다는 건 보통 큰일이 아니기 때문이다.

시간에 맞춰 학부모들이 하나둘씩 도착하면 나는 반갑게 인사를 나누며 그간의 안부를 물어본다. 아이가 어떻게 어린이집에서 지내고 있는지를 이야기하고, 아이의 성장 특징에 대해 몇 가지 이야기해준다. 그러다 보면 학부모들의 눈이 초롱초롱 빛나면서 질문이 쏟아진다.

이럴 때 나는 그야말로 '육아박사', 아니 '만물박사'가 된다. 정말 지극히 기본적인 육아상식에서부터 아이들 하나하나의 특징까지 이야기하게 되는데, 이때 그간 열심히 써두었던 관찰일기가 빛을 발한다. 미리 프린트해둔 아이들의 최근 관찰일기나 혹은 머릿속 기억들을 동원해 학부모들의 질문에 하나하나 대답해준다.

"둘째인데도 언니를 자꾸 때리네요. 매번 혼을 내도 마찬가지예요."

87

"사람들이 옆에 있으면 더 엄마아빠한테 생떼를 부려요!"

어른이 보기엔 '문제행동'인 것이 아이들에게는 나름의 감정표현이자 성장과정의 징표일 때가 많다. 나는 그런 부분들을 학부모들에게 하나씩 짚어주곤 한다. 어린이집에서 내가 관찰하면서 알아낸 비밀들을 공유하는 느낌으로 말이다.

"함께 놀고 싶은데 그 마음을 다른 방법으로 표현할 때가 있으니 주의 깊게 그 상황을 지켜봐주세요."
"어리광은 아이가 부모의 애정을 원한다는 표현이에요. 짧은 시간이라도 아이에게 집중해 대화할 시간을 만들어보세요."

그리고 항상 빠지지 않는 것, 관찰일기에 대한 이야기가 나오기 시작한다. 우리 어린이집에서만큼은 관찰일기는 여느 베스트셀러 부럽지 않은 인기를 누린다.

"하원하자마자 가방부터 열어서 꺼내 봐요."
"읽다 보면 웃다 울다, 저 혼자 생난리예요."

하지만 아쉽게도 모든 엄마들이 관찰일기를 쓰는 것은 아니다. 육아에, 살림에, 워킹맘들은 직장까지, 몸이 열 개라도 모자랄 판에 일기는 언감생심이라는 엄마들도 꽤 있다. 마치 예습복습에 버거워하는 중학생마냥 엄마들은 저마다의 이유를 늘어놓는다.

"원장님만큼 잘 쓸 자신이 없어서……."
"제가 학교 때도 일기는 안 써봐서……."
"애들 돌보느라 바빠 쓸 시간이 나지 않아서……."

이해는 간다. 아무리 아이를 사랑한다 해도 매번 아이를 관찰하고 그 내용을 관찰일기에 담아내는 것이 엄마들에겐 부담스러울 것이다. 하지만 틀에 맞지 않더라도 보고 들은 그대로를, 느꼈던 감정을 고스란히 적기만 하면 소중한 '내 아이의 역사'가 될 거라는 사실을 꼭 말해주고 싶다. 그래서 항상 엄마들을 만날 때마다 관찰일기를 권하면서, 집에서의 아이들 모습을 한 줄이라도 적어보시라고 신신당부하곤 한다. 그중에는 모범생 엄마들도 꽤 있다. 똑같이 다들 바쁘고, 다들 시간이 없는데 누군가는 나보다 더 스마트하게 관찰일기를 써 보내오는 분들이 있는 것이다.

대표적인 예가 정연이 엄마의 관찰일기다. 직장 다니랴, 애 키우랴 몸이 두 개라도 모자랄 정연이 엄마지만 그 누구보다 성실하고, 육아에 열정적인 엄마다. 정연이 엄마는 내가 관찰일기를 이야기하

89

기 전부터 열심히 일상의 육아를 기록해 온 '열혈맘'이었다. 정연이 엄마의 육아는 양보다는 질로 승부하는 스타일이다. 직장에 다니는 관계로 아이에게 시간을 투자하는 것이 여간 어려운 일이 아닐 터. 그래서 그녀가 택한 방식은 짧은 시간, 집중하는 것이다.

"퇴근 후 돌아오면 옷 갈아입거나 밥 하는 거 대신, 아이부터 안아주고 눈을 마주치면서 이야기해요."

그렇게 하면 그냥 옆에서 하루 열 시간을 있는 것보다 훨씬 더 아이의 가슴에 깊이 박히게 된다. 주말은 전시회나 공연처럼 현장학습을 가기도 하고, 함께할 수 있는 다양한 아이템들을 찾아 정연이에게 집중한다.

어디 이뿐이랴. 그녀가 수줍게 내밀어보이던 일명 '포토북'엔 정연이의 하루를 담은 사진과 엄마의 코멘트가 빼곡하게 들어차 있었다. 한 권에 30페이지 정도 되는 이 포토북은 보통 3달에 2권, 많을 때는

> **03.24 오전 08:23**
> 아침부터 키즈카페에 간다고 너무 좋아한다.
> 양말은 짝짝이 신겠다며 열 개 넘는 양말을 늘어놓고는
> 네 개를 모두 신겠다며 욕심. 하지만 결국은 노란 양말 선택.
> 선긋기 못해 하며 버티던 월요과 달리 오늘은 정말 잘 그린다.

1달에 2~3권을 훌쩍 넘기기도 하지만 의무감이나 부담은 없었다고 한다. 급하게 휴대폰에 남겼던 메모들은 오타 투성이에 정연이 엄마만 해독할 수 있는 암호들로 가득 차 있지만, 정연이에 대한 엄마의 사랑만큼은 그 누구라도 알아볼 수 있다.

> **03.23 오후 09:07**
> 캐릭터 퍼즐을 사준다고 미니특공대랑 슈퍼윙스 중에
> 고르라 했더니 둘 다 고른다.
> 하나만 고르라 했더니 할머니집 특공대, 울집은 슈퍼윙스를
> 두고 놀아야 해서 두 개가 필요하다고 논리적으로 말하는 정연이!

"머리나 가슴에 남기는 건 한계가 있잖아요. 더군다나 제 머리는 그동안 회사 일에만 특화돼 있어서 회사 일 아닌 것에는 기억이 가물가물할 때가 많아요. 그래서 정연이 커 가는 모습을 사진이랑 그때그때 기록으로 남겨두려 시작한 거예요."

가끔 정연이랑 같이 예전 포토북을 꺼내어 책 읽듯이 보기도 한다는 그녀는 언제 첫 이가 났는지, 어떻게 걸었는지를 정연이에게 설명해주면서 또 한 번 그때를 되새겨본다고 한다. 그렇게 육아에 베테랑인 정연이 엄마도 요즘은 관찰일기의 매력에 푹 빠진 모양이다.

"어린이집 다니기 전에는 그냥 제 시점으로 느끼는 것만 일기처

정연이 사진

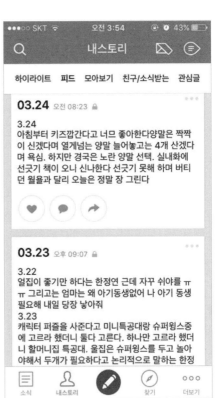

정연이 엄마의
관찰일기

●●●○○ SKT 🗣   오전 3:54   ◉ ✪ 43% ▮

🔍   내스토리   📑 ⧉

하이라이트 피드 모아보기 친구/소식받는 관심글

03.24 오전 08:23 🔒   • • •

3.24
아침부터 키즈깝간다고 너므 좋아한다양말은 짝짝
이 신겠다며 열게넘는 양말 늘어놓고는 4개 산겠다
며 욕심. 하지만 결국은 노란 양말 선택. 실내화에
선긋기 책이 오니 신나한다 선긋기 못해 하며 버티
던 월욜과 달리 오늘은 정말 장 그린다

♥   💬   ➤

03.23 오후 09:07 🔒   • • •

3.22
얼집이 좋기만 하다는 한정연 근데 자꾸 쉬야를 ㅠ
ㅠ 그리고는 엄마는 왜 아기동생없어 나 아기 동생
필요해 내일 당장 낳아줘
3.23
캐릭터 퍼즐을 사준다고 미니특공대랑 슈퍼윙스중
에 고르라 했더니 둘다 고른다. 하나만 고르라 했더
니 할머니집 특공대. 울집은 슈퍼윙스를 두고 놀아
야해서 두개가 필요하다고 논리적으로 말하는 한정

📄   👤   ✏️   🧭   ○○○
소식   내스토리   찾기   더보기

럼 써내려갔거든요. 그런데 원장님 말씀 듣고 관찰일기를 쓰면서부터는 이상하게 쓰고 난 다음을 생각하게 돼요. 아, 정연이가 이런 생각을 하고 있었구나~ 아, 이런 상황에서는 앞으로는 이렇게 대응해 줘야겠구나, 하면서요."

시간 대신 집중, 엄마보다 아이 위해

간혹 엄마들이 묻는다. 괄찬일기가 다른 어린이집 알림장이랑 뭐가 다른 거냐고. 그럴 때마다 난 아이의 황금기를 기록하는 것이 얼마나 소중한 것인지를 열심히 설명한다. 정연이 엄마 말처럼 기억을 목적으로 하는 기록이 '나만의 기록'이라면, 관찰일기는 아이와 엄마를 이어주는 '소통의 기록'이라고 말이다.

그래도 엄마들은 또 이야기한다. 시간이 없다고, 쓸 줄 모르겠다고. 그러면 난 다시 이야기한다. 아무 거라도 그냥 쓰라고. 쓰다 보면 아이를 보게 되고, 나중엔 보기 위해 다시 쓰게 된다고.

몸도 마음도 바쁜 엄마들에게 나는 다시 딱 하나만 당부하고 싶다. 아이와 함께 보낼 수 있는 시간이 많지 않음을 고민하기보다 아이와 함께 보내는 단 몇 분이라도 집중하라고. 그리고 집중하는 동안 일어난 일을 짧게라도 꼭 기록으로 남겨보라고.

93

엄마 경력,
떡잎부터 다르다

저, 잘하고 있는 걸까요

내가 그동안 아이들과 맺어온 수많은 인연만큼, 엄마들과의 인연을 기억한다. 손수건을 쥐어주며 어린아이 대하듯 초보엄마의 눈물을 닦아주던 기억에서부터 아이의 이야기를 도란도란 나누며 가족 그 이상의 정을 쌓아간 기억까지. 아직도 한 명 한 명 엄마들의 젊었던 시절의 얼굴이 떠오른다.

물론 그중에는 내 마음을 어둡게 만드는 안타까운 인연도 있다. 하지만 되돌아보면 그들에게도 그럴 만한 사연이 있었을 거라 이해한다. 아이를 키운다는 것이 웃음과 기쁨만으로 되는 법은 아니니까.

하지만 엄마들과 아이들을 승합차에 가득 태우고 맛있는 음식도 먹으러 다니고, 물놀이며 공원나들이며 여기저기 돌아다니던 기억. 그리고 함께 울고 웃으며 육아의 실타래를 풀어나가던 기억…… 그 모든 시간을 떠올려보면 아이들만큼이나 엄마들의 성장을 내가 함께 했다는 사실에 뿌듯할 때가 많다.

그래서일까. 난 20여 년간 어린이집을 운영하면서 아이들의 성장 만큼이나 엄마들의 모습, 엄마들의 성장을 '관찰'하는 경우가 많았다. 관찰 결과 이제 갓 경력 1년에서 길어야 5, 6년 차에 들어선 엄마들 에게 한 가지 공통점을 발견할 수 있었다. 바로 '내 아이를 잘 키워야 한다'는 강박관념을 가지고 있다는 것이었다.

피겨 퀸 김연아 선수가 2014년 초, 소치 올림픽에서 은메달을 땄 을 때다. 모두들 김연아 선수가 1위라 생각했지만 금메달은 주최국 선수인 소트니코바에게 돌아갔다. 주최국의 농간이라는 의심이 갈 정도로 의외의 결과였다. 모든 사람들이 그렇게 의문을 품었으니 당 사자 마음이야 오죽할까. 그런데 엄마는 역시 달랐다. 김연아 선수의 엄마는 상심했을 딸을 위해 문자메시지를 보냈다.

"더 간절한 사람에게 금메달을 줬다고 생각하자."

딸을 다그치거나 혹은 딸의 입장에서 현실을 부당하다 느껴 더 분개할 수도 있을 법한데 오히려 의연하게 대처했던 것이다. '잘 키우는 방법'을 아는 엄마이기에 최고보다는 최선의 가치를 알려준 것이다.

김연아 선수를 비롯해 박세리, 박지성처럼 세계적인 스타 운동선수들이 등장하면서 우리 사회에 이슈를 던진 것이 바로 스포츠대디, 스포츠맘들의 교육법이다. 이들의 교육 노하우가 책으로 만들어지기도 했을 정도다.

혹자는 아이의 재능을 발굴하고 꽃을 피우게 도와주는 것이 부모가 할 일이라고 생각한다. 하지만 그렇다고 모든 아이가 김연아, 박지성이 되는 건 아니다. 이들 스포츠 스타의 부모가 남달랐던 점은 자식을 다그치기보다는 자식이 1등을 하든 꼴등을 하든 묵묵히 믿어줬다는 데 있다.

모든 엄마는 자식의 성장을 바란다. 밥도 잘 먹길 원하고, 키도 잘 크길 원하며, 사람들과도 잘 어울리고, 공부도 잘하길 원한다. 이제 갓 걸음마와 말을 떼는 아이를 둔 초보엄마들도 마찬가지다. 어린이집을 찾아오는 엄마들의 질문도 대체로 비슷하다.

"아이들이랑 잘 어울려 노나요?" "간식은 잘 먹나요?" "낮잠은 잘 자나요?"

문제는 이 '잘'에 있다. 엄마는 아이가 무엇이든 '잘'하며 크길 원한다. 그런데 정작 엄마들은, 엄마 역할을 '잘'하고 있는 걸까?

깜빡하는 찰나, 아이는 자란다

그 누구든 아이를 낳으면 '엄마'라는 명찰을 달게 된다. 그런데 임신하는 동안 엄마가 되기 위한 준비를 철저히 한다 해도 막상 낳고 보면 엄마가 해야 할 역할이 무엇인지 혼란스러운 경우가 많다. 씻기고 입히고 먹이기만 하면 될까? 아니면 평생 하나하나 알려주고 짚어주면서 가르쳐줘야 할까? 이런 고민을 하다 보면 엄마라는 명찰이 점점 무거워진다.

내가 그간 어린이집을 통해 만난 엄마들을 보면 이런 혼란스런 마음을 가지고 우왕좌왕하는 이들이 꽤 있다. 이런 엄마들은 크게 네 가지로 나눌 수 있는데, 그중 첫 번째가 가장 흔하게 볼 수 있는 '해결사맘'이다. 이런 엄마들은 아이에게 닥치는 모든 문제를 자신이 해결해야 할 과제로 여긴다.

A엄마는 A가 우리 어린이집을 다닐 당시 가장 많이 방문하고, 가장 자주 연락하는 엄마였다. 문제는 A엄마의 방문이나 연락은 대부분 항의를 하기 위해서였다는 점이다. A엄마는 A가 밤잠을 설치고 떼를 쓴 날이면 어김없이 어린이집에서 원인을 찾으려했다. 그래서 다른 아이가 괴롭힌 건 아닌지, 선생님이 뭐라고 한 건 아닌지 꼬치꼬치 캐묻기 일쑤였다. 한번은 아이가 놀이 활동 중에 살짝 넘어진 걸 가지고 항의를 한 적이 있었다. 이유인즉, 한 반에 여자아이보다 남자아이가 많아서 불안하다는 것이었다. 이렇다 보니 A도 걸핏하

97

면 이런 말을 했다.

"엄마한테 말할 거야!"

물론 엄마가 방패가 되어주고 싶은 마음은 이해한다. 그러나 아이의 모든 생활을 제어하려다 보니 아이뿐만 아니라 엄마와 주변 사람도 지치는 것이 문제다.

그런데 아이러니한 건 A의 관찰일기에서 엄마의 메모를 찾기가 어려웠다는 점이었다. 어쩌다 메모가 있어도 '챙겨달라' '체크해봐라' 등의 항의나 요청사항뿐이었다. A가 즐겁게 놀았다거나 웃었다거나 하는 이야기는 전혀 없었다.

자신의 역할을 '해결사'로 인식하는 엄마들이 의외로 많다. 아이가 제 발로 서는 것을 못 기다려 아이를 업은 채 꾸역꾸역 계단을 올라가려다 보니 육아가 남들보다 더 힘들게 느껴진다. 그래서 짜증도 많다.

간혹 어린이집으로 봉사활동을 하러 오는 중·고등학생들이 있다. 같은 봉사인데도 하는 모양새는 천차만별이다. 작년 봄이었을까. 봉사활동을 하러 온 고등학교 남학생이 있었다. 학교를 마치면 시간이 아까워 김밥 한 줄을 사들고 와 후딱 먹어치운 후 아이들과 함께 놀아주고 시키지도 않은 청소를 하곤 했다. 어찌나 성실한지 보내기가 아쉬울 정도였다. 반면 얼마 전 찾아온 여학생은 '해결사맘'을 대동하고 나타났다. 사실 며칠 전 봉사스케줄마저 엄마가 전화로 문의를 해오기에 당사자가 직접 하게 해달라고 전화를 끊은 터였다. 그랬더니 전화 한 통도 제 손으로 힘들었던지 모녀가 함께 어린이집을 찾아왔다. 모녀는 스마트폰 스케줄 어플을 보며 이날은 영어학원 가야하고 이날은 수학스터디가 있고 하며 옥신각신하더니 결국은 봉사는커녕 내 시간만 잡아먹은 채 발길을 돌렸다.

아이가 잘하든 못하든 아이에게 경험의 기회를 줘야하는데 해결사맘들은 그러한 기회조차 차단해가면서 아이를 우물안 개구리로 만들어간다. 이렇게 자란 아이는 결국 모든 것을 부모에게 의지하는 수동적인 어른이 되는 경우가 많다.

두 번째 유형인 '조교맘'은 해결사맘이 좀 더 권위적으로 변한 케이스다. 아이가 태어나는 순간부터 조교처럼 변신해, 모든 육아는 엄마의 통제 하에 전략과 계획을 짜고 아이는 이를 철저히 수행하도록 요구하는 엄마들이다. 이런 유형은 아이를 육아의 대상으로 만들어버리는 것이 문제. 어린이집을 선택하는 기준도 '아이가 좋아할지'가 아니다. 예컨대 엄마가 보기에 근사한 건물, 평판, 심지어 다른 학부모들의 수준(?)까지 고려하는 이들도 있다. 한마디로 '엄마가 좋아할만한' 어린이집을 고르는 것이다.

B엄마는 아이가 어린이집에 입학하기도 전에 상담만 다섯 번 가량을 거친 엄마였다. 장난감 교구에서부터 식단, 선생님들 구성까지

꼬치꼬치 캐묻기에 육아에 관심 많은 엄마다 싶었다. 하지만 정작 아이에 대한 설명은 하지 않았다. 시험 삼아 아이를 하루 정도 머물게 해봐라 권유해도 요지부동. 결국 어린이집에 아이가 오면 그때부터는 열심히 지켜봐야겠다고 마음먹고 있었는데, 등원 일자가 다가와도 연락이 없어 다른 어린이집을 알아봤으려니 하며 잊고 있었다. 그런데 얼마 후, 우리 어린이집 선생님이 지역 육아커뮤니티 카페에서 B엄마의 글을 발견했다며 알려줬다. 다섯 번의 상담 동안 정작 아이는 보지도 못했는데 B엄마는 우리 어린이집을 평가한 글을 남긴 것이다. 건물이 낡아서 추천하고 싶지 않다는 이야기였다. 개원한 지 오래 됐지만 깔끔하고 안락한 건물인데 B엄마의 섣부른 평가 탓에 우리 어린이집은 일순간 낡아서 보내고 싶지 않은 어린이집으로 전락하고 만 것이다.

조교맘은 육아에 대해 잘 알고 있다고 자만하면서 아이 마음이 아닌 자기만족을 위해 선택을 하기 때문에 귀도 얇고 마음도 자주 바뀐다. 그래서일까. 마치 쇼핑하듯 어린이집을 전전하고, 육아법을 바꾸어댄다. 이런 조교맘들은 시간이 흐르고 나면 항상 하는 말이 있다.

"내가 널 어떻게 키웠는데!"

아이를 자신의 소유물로 보기 때문에 이런 말을 하는 것이다.

세 번째 유형은 무관심과 방목으로 일관하는 '방관자맘'이다.

깜빡하는 찰나, 아이는 자란다

C엄마는 직장을 다니고 있는데 아침 등원은 친정어머니가, 집에 돌아갈 때는 파트타임 이모가, 저녁과 주말은 엄마가 육아를 담당했다.

C엄마는 외동으로 커서인지 친정엄마에게 많이 기대는 편이었다. 한번은 C가 어린이집에서 바지에 소변을 누고 말았다. 여분의 바지가 없어 엄마에게 전화를 걸었더니 할머니가 달려와 다짜고짜 어린이집에서 아이를 제대로 보지도 않았다며 성질을 내셨다. 심지어 아이에게도 마구 혼을 내면서 역정을 내셨다. 겨우 할머니를 달랬지만 이 과정을 지켜보던 아이가 새파랗게 질려 있는 모습이 안타까웠다. 하지만 정작 C엄마는 "친정엄마가 애들은 엄하게 키워야 한다 하셔서……"란 말만 되풀이했다. 아이가 오줌을 싼 일에 대해서도 왜 그랬는지, 집에선 어땠는지 전혀 이야기가 없었다. 친정엄마가 알아서 잘 해결했으리라 생각하는 것 같았다. 발표회날도 마찬가지. 발표회가 끝나고 아이는 할머니에게 손을 꼭 붙잡힌 채 기다리고, C엄마는 한 발 물러서서 선생님의 이야기를 듣는 둥 마는 둥 폰만 만지작거렸다.

육아보조자에게 기대는 엄마들은 크게 두 가지로 나뉜다. 자신이 채워 넣지 못한 시간에 대한 죄책감에 시달려 아이에게 과하게 애정을 쏟아붓거나 혹은 방관자맘처럼 모든 육아 상황을 육아보조자에게 기대며 자신의 역할을 극소화시킨다. 육아가 힘든 것이기에 방관자맘의 마음도 이해는 되지만 안타까운 것은 '방관자맘'이 되면 아이의 성장과정을 놓친다는 점이다.

육아에 있어 아이와 함께하는 시간의 많고 적음은 중요한 것이 아니다. 내가 항상 강조하는 것이지만 육아는 '양'이 아닌 '질'이다. 짧은 시간이라도 아이와 함께할 때 집중하고, 눈과 마음을 열어 아이를 대하면 아이의 만족도는 높아진다. 그런데 '시간'의 덫에 갇힌 방관자맘들은 소극적인 태도로 육아에 임하다 보니 아이의 성장을 놓치기 일쑤다.

네 번째 유형은 '방관자맘'과 비슷한 '수험생맘'이다. 수험생맘은 육아를 잘하고 싶어 뭐든지 열심히 한다. 문제는 육아를 시험이나 학습처럼 대한다는 것.

D엄마는 내가 그간 만나온 엄마들 중 가장 똑똑한 엄마였다. D엄마는 흔히 이야기하는 알파걸로 어릴 때부터 똑 부러지고 공부도 잘했다고 한다. 결국 대기업에도 입사했지만, 결혼과 동시에 출산을 겪으면서 혼란을 겪게 됐다. D엄마는 항상 자신이 우선이었던 생활이 뒤바뀌면서 산후우울증도 겪었다. 심지어 아이가 방해물처럼 여겨지기도 했다. 아들인 D가 15개월이 될 무렵 어린이집에 보내고 회사에 복귀하면서 조금 나아지는 듯했지만, 나는 D엄마와 상담을 할 때면 꼭 휴지와 필기구를 준비해야만 했다. 눈물을 쏟다가도 열심히

메모하기에 바쁜 엄마였기 때문이다.

"원장님, 저 진짜 나쁜 엄만가 봐요. 차라리 평일엔 회사와 집을 오가며 정신없어 괜찮은데, 주말엔 칭얼대는 애 뒤치다꺼리하다 보면 가끔은 쟤를 갖다버리고 싶은 충동까지 들거든요."

내 자식 갖다버리고픈 엄마라니 손가락질받아야 할 것 같지만, 이런 마음 안 겪어본 엄마가 어디 있을까. 아무리 예쁘고 소중한 자식이라도 힘들 땐 인생의 짐처럼 느껴질 때가 많을 것이다. 특히나 사회적으로 인정받으며 살던 D엄마에게 아들은 인생 최고의 난제였다. 그런데 D엄마는 눈물을 쏟다가도 항상 많은 질문을 쏟아냈다.

"기저귀는 언제 떼면 좋을까요?"

"말대꾸가 늘었는데 혼내야 하나요?"

"아직도 엄마쭈쭈에 집착하는데 어쩌죠?"

모든 것이 당연한 질문이고 거쳐야 할 과정이지만 D엄마는 유난히 집착하는 듯했다. 모르고 지나가면 큰일 날 것처럼 조바심을 냈다. 그럴 때마다 "잘하고 계세요.", "지켜봐주세요.", "이상한 게 아니에요."라고 말해주지만 D엄마는 어디서 찾아냈는지 외국 대학의 심리실험 결과까지 내밀어가며 내게 자문을 구하곤 했다. D의 성장 하나하나가 D엄마에겐 연구이자 시험과제였다. 매사 긴장해 있는 D엄마를 보며 좀 느긋해지라고 말해도 그게 쉽지 않은 모양이었다.

이처럼 아이에게 일어나는 모든 상황을 시험으로 받아들이다 보니 D엄마에게 육아는 부담스럽고 힘들고 어려운 과목으로밖에 여겨지질 않았다. 아이가 걸음을 떼면 박수를 치는 대신 걸음 뗀 시기를 계산하고, 아이가 말을 하면 귀를 기울이는 대신 말 배우는 속도를 체크했으니 말이다.

경쟁하고 학습하는 데 익숙한 탓인지 육아도 학습과 경쟁의 결과로 인식해 수험생 모드로 일관하는 수험생맘 유형이다. 이처럼 아이의 성장을 운동장 트랙 위의 달리기로 보다 보면 등수에 민감할 수밖에 없다. 그러다 보면 하나하나, 복습예습하듯 육아를 할 수밖에 없어 엄마도 아이도 서로 피곤한 수험생 인생이 지속되는 것이다.

엄마의 색깔, 정답은 없으나 해답은 있다

"저, 잘하고 있는 걸까요?"

일에 지치다 보면 꼭 물어보게 되는 말. 엄마들도 마찬가지다. 마치 자신만을 바라봐주길 바라는 아이들마냥 질문을 하는 엄마들의 눈은 애절하다.

모든 엄마가 모성애와 육아노하우를 타고나는 건 아니다. 그럼에도 많은 엄마들이 육아 열등생이라는 자괴감에 빠지고는 한다. 그러나 그 어떤 잣대로도 잘하는 엄마, 못하는 엄마를 구분할 수는 없다.

엄마의 역할은 힘들게 경험을 쌓아가면서 깨닫게 될 뿐이다. 다만 한 가지 해답을 제시하자면, 아이를 키우는 것이 진정 누구를 위함인지, 엄마와 아이 모두 행복한 일인지를 곱씹어본다면 자신의 색깔과 육아의 방향이 정해질 것이다.

눈일기와 마음일기로 나눠보세요!

관찰일기는 크게 2단계로 나닙니다. 첫 번째 단계는 '눈일기' 쓰기 단계로 말 그대로 눈으로 보고, 귀로 들은 그대로를 담아내는 단계입니다. 맞춤법도 형식도 필요 없는, 엄마가 아이를 바라본 그대로를 기록합니다. 그러니 일기쓰기를 어려워 하거나 부담스러워 하는 엄마라도 편히 도전해보세요. 정 힘들다면 사진으로 남긴 후 날짜와 상황을 메모해 두어도 좋아요.

두 번째 단계는 '마음일기' 쓰기 단계로 눈일기가 눈과 귀를 사용한 사실의 기록이라면 마음일기는 마음으로 보고 듣고 느낀 것을 담아내는 단계입니다. 아이가 한 행동이나 말에 대해 엄마가 좀 더 생각해보는 시간을 갖고, 아이의 마음을 읽어내려는 적극적인 태도가 필요합니다.

처음 관찰일기를 시작한다면 충분히 적응할 수 있도록 눈일기부터 시작해보세요. 어느 정도 눈일기 쓰는 것이 익숙해지면 자연스럽게 마음일기까지 함께 쓸 수 있게 됩니다.

 **눈일기 쓰기**

▶ 일기를 쓰기 전, 다음의 순서대로 아이에 대해 떠올려보세요.

- <u>스스로 질문</u> 오늘(혹은 며칠 전) 기억나는 아이의 말, 행동, 표정이 있었나요?

- <u>스스로 질문</u> 언제, 어떤 상황이었나요?

- <u>스스로 질문</u> 아이의 당시 감정표현은 어땠나요?

▶ 주의사항

- 위 질문들에 대한 답을 육하원칙에 맞춰 차근차근 써봅니다. 만약 기억이 나지 않는 부분이 있다면 건너뛰어도 좋아요. 그리고 '왜'의 항목은 비워두세요. 미리 판단하지 않기 위해서입니다.

- 순간의 기억으로 떠오르는 것만 쓰세요. 그 기억만으로도 아이에 대한 집중의 순간이 살아납니다.

2단계 마음일기 쓰기

▶ 눈일기가 익숙해지셨나요? 그렇다면 '마음으로' 일기를 써보세요. 눈일기에 쓴 '사실(아이의 한 말이나 행동, 표정)'을 토대로 숨은그림들을 마음으로 찾아보세요.

- 이유 찾기 아이는 왜 그랬을까요?
- 과거 찾기 예전에도 그런 적이 있었나요?
- 변화 찾기 예전과 달라진 점이 있었나요?
- 아이 마음 아이의 속마음은 어땠을까요?
- 엄마 마음 엄마의 속마음은 어땠나요?
- 엄마 해법 엄마는 어떻게 대처했나요?
- 육아 궁금증 더 알고 싶은 것이 있나요?

▶ 좀 더 간단히 마음일기를 쓰고 싶다면 세 가지 항목으로 나눠 보세요.

- 생각하기 아이의 말과 행동에 대한 이해, '왜'를 곱씹어볼 것.
- 이해하기 엄마가 생각하는 아이 마음, '아하!'의 깨달음 포인트를 찾아볼 것.
- 도와주기 엄마가 아이를 위해 다음에 해줄 수 있는 말이나 행동들 혹은 육아에 대한 궁금증들을 적어볼 것.

깜빡하는 찰나, 아이는 자란다

▶ 주의사항

· 순서대로 쓰지 않아도 되지만, 눈일기를 기준으로 '왜'라는 질문을 계속 던져보세요.

· 마음일기는 육아의 해법이나 엄마의 감정을 쓰는 공간이 아니에요. 실수를 해도, 모르는 것이 있어도 그대로 생각하고 판단했던 것들을 적어보세요.

눈일기가 사실의 기록이라면, 마음일기는 마음의 기록입니다. 아이를 보고 아이의 말을 듣고 아이와 있었던 일을 중심으로 가감 없이 적어보세요. 훗날 그 기록만으로도 소중한 히스토리가 된답니다.

1. 관찰일기 메뉴얼

년   월   일 날씨 :

 눈으로 본 것을 사실대로 기술하는 단계

누가 → 언제 → 어디서 → 무엇을 → 어떻게

 1. 오늘 하루 중 가장 인상 깊은 아이의 모습은 무엇인가요?

내가 직접 관찰하지 않았다면 주변에서 아이와 함께한 이(육아도우미, 할머니, 어린이집 선생님 등)에게 들은 이야기는 무엇인가요?

2. 육하원칙에 따라 〈누가, 언제, 어디서, 무엇을, 어떻게〉까지를 적어보세요.

3. 하루 중 아이와 함께하면서 엄마의 눈으로 보고 들은 말이나 행동을 사실대로 적습니다.

4. 그림으로 그려도 좋고 아이의 말을 소리 나는 대로 그대로 적어도 됩니다.

2단계 : 마음일기(key)

육아의 즐거움은 관찰이다

 2단계 **아이에 대한 데이터베이스를 쌓는 단계**
아이가 왜 그랬을까를 생각해봅니다. 그리고 엄마의 생각을 적습니다.

생각하기(왜 그랬을까?)

이유 찾기 아이는 왜 그랬을까요?
과거 찾기 예전에도 이런 적이 있었나요?
변화 찾기 예전과 달라진 점이 있었나요?

이해하기(아하~!)

아이 마음 아이의 속마음은 어땠을까요?
엄마 마음 엄마의 속마음은 어땠나요?

도와주기 & 궁금증

엄마 해법 엄마는 어떻게 대처했나요?
육아 궁금증 더 알고 싶은 궁금증이 있나요?

 TIP 1단계 눈일기를 충분히 습관화한 후 적는 것이 좋습니다.
2단계의 모든 항목을 쓰는 것이 어렵다면 쉬운 항목부터 쓰세요.
그리고 서서히 늘려나가세요.

111

2. 관찰일기 예시 1 (강문정 원장)

1단계 : 눈일기(start)

년   월   일 날씨 :

(누가 / 언제 / 어디서 / 무엇을 / 어떻게)

제목 **원장님 죽지마요**

원장님이 고운반 친구들과 보자기를 가지고 놀다가 어깨에

그 보자기를 두르고(슈퍼맨처럼) 태윤이네 반에 들어갔다.

이 모습을 본 태윤이 깔깔거리고 웃더니

"원장님 이쁘다."

"고마워 태윤아."

"원장님은 죽지마요~~~"

"왜?"

"원장님은 이뻐서 죽으면 안돼요."

"그래? 아이고 태윤이 때문에 나 안 죽을래~~"

"태윤이 때문에 안 죽는 게 아니고 태윤이 덕분에 안 죽는

거예요."

ㅎㅎㅎㅎㅎㅎ

태윤이의 철학적인 멘트에 한바탕 웃었다.

깜빡하는 찰나, 아이는 자란다

2단계 : 마음일기(key)

육아의 즐거움은 관찰이다

 생각하기(왜 그랬을까?)

원장님이 아이들과 놀아주는 모습을 보고 참 좋다는 자기감정을
죽지 말라는 말로 표현한다.

이해하기(아하~!)

우리 태윤이는 어른들이 놀아주는 것이 자기를 사랑해서 놀아주는
것이라고 이해하고 고마운 마음을 표현하고 있구나.

도와주기 & 궁금증

좀 더 적극적으로 아이들과 몸 놀이를 해줘야겠다.

3. 관찰일기 예시 2 (가윤이 엄마)

2016년   4월   25일 날씨 :

(누가 / 언제 / 어디서 / 무엇을 / 어떻게)

제목   동생의 존재

가윤이가   만들어 놓은   블럭을   가예가
다   무너뜨려 버렸다.
"잉.. 엄마 가예 다른 사람한테 주자"
"다른 사람한테? 누구?"
"음. 여윤이가 동생이 없으니까 여윤이 주자"
"진짜? 가윤이는 동생 없어도 돼?"
"안돼"
"그럼 어떡해?"
"가예 말고 다른 동생"
그러다 잠시후에 눈 가예를 껴안고 놀고 있다.

육아의 즐거움은 관찰이다

 생각하기(왜 그랬을까?)

동생이 귀엽고 예쁘기도 하지만
가윤이가 만든 걸 망가뜨리는 건 싫다.

이해하기(아하~!)

아직은 부정하고 싶을 때도 있는
동생의 존재.

도와주기 & 궁금증

PART 3

◇◇◇

똑딱똑딱,
아이의 성장 시계

만5세 이전, 아이가 완성된다
육아의 주체는 어른이 아니라 아이
동심을 추억으로 만드는 기다림
아이의 감정은 경험으로 학습된다
아이는 어른을 흡수하는 리트머스 종이

육아란 아이를 보살펴 자라게 함을 뜻한다. 그러나 우리는 아이의 성장 자체보다는 그 속도나 퀄리티에 집중하곤 한다. 그래서 더 빨리, 더 잘하게 아이를 독촉하고 조바심을 낸다. 하지만 어디 '부모 뜻'대로 아이가 자라는 법이 있던가. 아무리 부모가 아이의 손을 잡고 등을 떠밀어도 아이는 자신의 속도대로 성장하고, 경험하며 세상을 배워나간다. 육아의 중심은 '아이'에 있다. 우리는 아이의 자람을 보살펴주고 지켜봐주는 서포터다.

만5세 이전,
아이가 완성된다

어른의 필수 영화 〈인사이드 아웃〉

"우리 머릿속에서 무슨 일이 일어나고 있는지 궁금하지 않으세요?"

어른, 아이 할 것 없이 많은 사람을 극장으로 불러들였던 애니메이션 〈인사이드아웃〉에서 시작과 함께 등장하는 내레이션이다. 〈인사이드아웃〉은 아이의 머릿속에서 일어나는 감정을 의인화한 영화다. 주인공 '라일리'가 탄생에서부터 새로운 환경에 적응하기까지 라일리의 머릿속 감정 본부에서 기쁨, 슬픔, 까칠, 버럭, 소심 등 다섯 가지 기본 감정들이 우왕좌왕하면서 자신의 역할과 중요성을 깨닫는다는 내용이다. 이 영화는 특이하게도 어른들에게 더 큰 호응을 얻었다. 잊혔던 어린 시절에 대한 향수를 불러일으키면서 그때의 감정을 떠올리게 했기 때문일 것이다.

기쁨, 슬픔, 분노, 공포, 절망 등을 원시적 감정이라고 부르는데, 우리가 본능적으로 느끼는 감정들이다. 이러한 원시적 감정들은 우리의 뇌 속 '아미그달라'라는 편도체 기관을 통해 생성된다. 이런 원시적 감정들은 보통 만5세를 기점으로 사회생활에 필요한 개념적 감정으로 전환된다고 한다.

만5세 이전까지는 마치 우리가 글을 배우고, 숫자를 익혀가듯 기쁨과 슬픔 같은 원시적 감정을 경험을 통해 배워나간다. 그래서 만5세 아이와 30세, 40세 어른들의 원시적 감정은 다를 바가 없다. 어른들 역시 이미 만5세 이전에 생성된 원시적 감정을 고스란히 가지고 평생을 살아가기 때문이다.

다섯 살 채경이가 영어 시간에 우등생 기질을 발휘했다. 선생님이 아이들 안부를 묻자 채경이 왈.

"아임 쌔~~~드."

아이들이 저마다 이야기하는 통에 채경이 말이 묻혔다. 선생님이 재차 묻자 채경이는 설명을 덧붙였다.

"나는 우리 할아버지가 아파서 걱정이 돼서 아임 쌔~~~드."

할아버지가 편찮으신 것을 슬픔이란 감정에 연결해 영어로까지 답을 했으니, 채경이의 스마트한 머리에 놀랄 따름이다.

요즘 네 살 은찬이는 '좋아하는' 사람이 세 명이다. 1순위는 누가 뭐래도 엄마, 2순위는 안타깝게도 아빠, 그럼 3순위는? 바로 '따당면 아저씨'. 은찬이가 좋아하는 짜장면을 배달해주는 아저씨니 은찬이 마음엔 아저씨가 엄마, 아빠만큼이나 좋은 것이다.

이렇게 아이들 머릿속엔 자신의 경험을 통해 기쁘고 슬프고 좋아하고 분노하는 원시적 감정들이 서서히 자리잡혀나간다.

지금 우리 어린이집에는 네 개의 반이 있다. 한 살에서 세 살까지의 자람반, 네 살 튼튼반, 다섯 살 고운반 그리고 여섯 살 이상의 누리반이다. 나이만큼이나 각 반마다 특징도 다양하다.

자람반 막내들은 탐색전으로 바쁘다. 만지고, 냄새 맡고, 맛을 보고, 열심히 눈을 돌려가며 자신이 가진 모든 감각을 동원해 세상을 경험한다.

튼튼반 아이들은 갓 배운 단어들을 조잘거리느라 바쁘다. 아직은 의미를 잘 파악하지 못한 채 자신이 아는 단어들로 감정을 표현하느라 뒤죽박죽. 하지만 그만큼 아이들의 특성이 잘 드러난다.

고운반 아이들은 일명 '오지라퍼'들이 많다. 서서히 사회성이 발달하면서 친구들 일, 선생님 일까지 간섭도 많고 적극적인 개입도 한다.

누리반 친구들은 어느새 언니, 오빠들 자세가 잡혀있다. 동생들과 달리 대우받길 원하고 상대의 반응에 민감하면서 자신만의 방식으로 반항도 할 줄 안다.

관찰일기만 봐도 각 반 아이들의 특징이 드러난다. 자람반은 행동이, 튼튼반은 말이, 고운반과 누리반은 별별 사건들이 많이 들어있다.

때로는 과거의 관찰일기들을 뒤져보며 이 아이들의 원시적 감정이 생성되던 시기를 떠올려보곤 한다. 기쁨과 슬픔, 분노가 자리잡던 순간이 아이의 성격에 어떻게 영향을 미쳤는지 그리고 이 아이들에게 필요한 건 무엇인지를 판단할 수 있는 중요한 자료가 되기 때문이다.

미국 하버드대에서 실시한 '하버드 그랜트 연구'는 무려 75년에 걸쳐 인간의 생애를 조사한 것으로 조사대상인 20대 성인남성 268명이 90대, 혹은 죽음을 맞이할 때까지 어떻게 살았는지를 조사한 연구다. 이 연구결과는 어린 시절의 경험이 성격 형성과 인생 전반에 걸쳐 얼마나 큰 영향을 미치는지를 보여준다. 어린 시절의 애정 결핍이 70대가 되어서도 우울증으로 연결될 수 있고, 부모와의 애착, 신뢰 관계가 노년기 치매에 영향을 주기도 하는 등 어린 시절의 경험이

깜빡하는 찰나, 아이는 자란다

삶에 큰 영향을 미친다는 것을 드러내고 있다.

일생의 지지대, 아이들의 뿌리 만들기

오랜 기간 어린이집을 운영하면서 다양한 아이들을 접한 경험에 비추어 볼 때 '하버드 그랜트 연구' 결과에 동의한다. 나는 사람의 성장이 나무 한 그루가 자라는 것과 똑같다고 생각한다. 씨앗이 뿌려지면 뿌리가 내리고, 그 뿌리를 바탕으로 기둥이 세워지는 나무. 이렇게 기초를 세운 나무는 햇볕과 양분을 흡수하며 잎과 줄기가 쑥쑥 자라난다. 아이의 성장도 마찬가지다. 뿌리가 튼튼히 자리잡아야만 탄탄한 기둥과 함께 강한 줄기, 푸르고 싱싱한 잎이 풍성하게 자랄 수 있다.

우리 어린이집 아이들은 지금 그 뿌리를 만들고 있는 중이다. 일생의 지지대가 만들어지는 시기이니 그 얼마나 중요한 시기인가. 평생을 좌지우지할 경험을 통해 원시적 감정을 생성하고, 자신의 색깔을 만드는 중인 것이다. 부모에게 이 시기는 따뜻한 햇볕과 양분으로 아이의 뿌리를 튼튼히 자리잡게 해줄 '양육'의 시기이다. 뿌리가 '양육'의 힘으로 튼튼해진다면, 몸통은 '보호'와 '훈육'으로 자라난다고 할 수 있다. 아이를 위험으로부터 '보호'해주고 '훈육'을 통해 인성을 갖

123

놀이를 통해 감정을 배워가는 아이들

추도록 도와주니 아이의 기둥은 탄탄해질 수밖에 없다.

줄기가 뻗어나가고 잎과 열매가 달리는 과정은 '학습'에 비유할 수 있다. 이때부터는 부모의 역할보다 아이 스스로의 힘이 크게 작용한다. 뿌리와 기둥에서 근간이 된 감정과 인성들이 교육과 경험을 통해 열매를 맺게 되는 것이다.

이 책에서 내가 이야기하고픈 건 바로 뿌리와 몸통이 자라나는 시기의 중요성이다. 기쁨이와 슬픔이가 우리 아이의 감정 속에서 어떻게 자리잡는지, 내 아이의 소중한 순간을 놓치고 있지는 않은지, 다시금 부모의 눈이 어디로 향해야 하는지를 일깨워주고 싶은 것이다.

〈인사이드 아웃〉에서 기쁨, 슬픔, 까칠, 버럭, 소심 등의 다섯 가지의 감정들은 라일리의 환경을 세심히 살피며 감정을 조정해나간다. 이는 내 아이에게 일어나는 감정들이 조화를 이루며 잘 성장하고 있는지 살펴보라는 메시지다.

모든 일에는 타이밍이 있다. 지금 바로 이 시간이 우리가 아이의 말과 행동, 감정에 주목해야 할 그 시기가 아닐까?

125

육아의 주체는
어른이 아니라 아이

시연이의 쉬야에는 룰이 있다

"으앙~ 으앙~ 시려~ 시려~"

자람반에서 시연이의 울음소리가 들려온다. 선생님은 시연이를 달래느라 여념이 없다. 시연이는 30개월에 접어들면서 부쩍 울음이 잦아졌다. 이 녀석, 뭔 일로 연일 울음을 터뜨리나 집중해서 보기로 마음먹었다.

여느 때와 다름없는 날. 선생님이 아이들을 불러 모은다.

"얘들아, 쉬하러 가자!"

아이들은 각자 화장실로 간다. 배변훈련이 시작되지 않은 아이들을 제외하곤 대부분은 스스로 볼일을 보지만 선생님이 팬티나 기저귀를 벗기고 입혀주면서 도와주는 일도 더러 있다. 시연이는 또래보다 말도 빠르고 이해력도 좋은 편이지만 단 하나 약점이 있었으니, 바로 배변훈련이 늦다는 사실. 그래서 선생님이 다른 아이들보다 도움을 많이 주는 편이었다. 처음엔 제 맘대로 배변이 잘 되지 않아 우는 걸까 싶었지만 배변 과정에는 문제가 없었다. 그런데 배변이 끝나고 나면 어김없이 울음을 터뜨렸다.

"시연아 왜 그래? 선생님이 뭘 도와줄까?"

"나~아직, 아직……."

말을 잇지 못하고 울기만 한다. 이럴 때는 전후 상황을 관찰해보는 것이 필요하다.

화장실로 들어가면 시연이가 직접 자신의 팬티를 벗은 후 변기에 앉아 쉬나 응가를 한다. 볼일이 끝나고 다시 팬티를 입고 나면 선생님이 박수를 쳐주며 시연이를 북돋아준다. 이때까지만 해도 의기양양한 시연이는 울음의 기미가 전혀 없다. 하지만 변기 물을 내리고 나면 그때 울음이 터지고 만다. 대체 무슨 일인 걸까?

배변훈련이 시작되면서 시연이는 엄마와 함께 순서대로 배변하는 과정을 학습했다. 스스로 팬티를 내리는 것부터 물을 내리는 것까지 모든 순서를 익혔던 터라, 그 순서 중 하나라도 빠지면 울음으로 답

127

답한 마음을 표현했던 것이다.

'옷 (자기가) 내리기 → 쉬하기 → 옷 (자기가) 올리기 → 변기 물 (자기가) 내리기 → 손 (자기가) 씻기 → 수건에 (자기가) 닦기 → 교실로 들어오기 → 비타민 먹기 → 책상에 앉기'

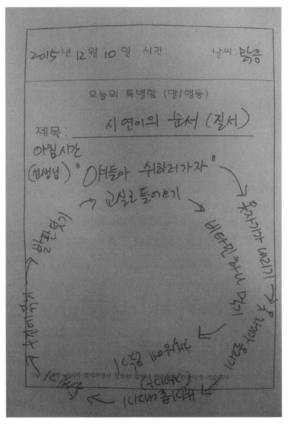

시연이의 쉬야에는 룰이 있다

이 모든 과정을 하나씩 거치는 것이 '시연이의 룰'이었다. 선생님은 시연이만의 룰을 알고 있었지만 무심코 선생님이 변기 물을 내린 것이다. 시연이의 입장에서는 배변 순서에서 하나를 빠뜨렸으니 울음이 터질 만도 했다.

만3세를 '질서 민감기'라 해서 아이들은 자신이 생각한 질서에 대한 집착이 커지는 시기이다. 시연이 역시 질서 민감기를 겪는 과정이었다. 단, 다른 아이들에 비해 그 민감도가 더 높았던 것.

이전에도 비슷한 상황이 있었다. 3개월 전이었을까. 낮잠 시간이 되자 선생님이 미리 깔아놓은 이불을 가리키면서 시연이가 말했다.

"강우~ 나아~ 정연이…… 그리고 태희!"

그 순서대로 눕는 것이 맞나 지켜봤더니 시연이가 말한 그대로 아이들이 누워 자는 것이었다. 작년엔 이불이 각각 누구의 것인지를 알아맞히더니 이제는 눕는 순서까지 기억해내는 똑똑한 시연이. 그런 시연이에 대해 감탄해 그날 관찰일기에 고스란히 적어놓기도 했다.

이렇게 다른 사람의 순서까지도 기억할 정도니 자기만의 순서 역시 민감할 수밖에. 자기가 세워놓은 순서 그리고 그 순서를 기억해 지켜내야만 하는 시연이기에 변기 물조차 선생님이 내리는 것을 수긍할 수 없었을 게다.

이런 사실을 알아차린 다음부터 선생님은 시연이가 직접 물을 내리게 했고, 무심코 자신이 물을 내렸을 때는 변기 물이 다시 찰 때까

129

지 기다렸다가 반드시 시연이가 물을 내릴 기회를 만들어주었다. 시연이는 다시 자신이 '스스로' 해내는 기쁨과 성취를 느껴가며 성장의 과정을 즐기고 있다.

우리 어린이집에 다닌 지 꽤 오래된 축에 속하는 여섯 살 준성이. 그 또래 아이들이 이미 한글을 떼고, 글씨가 많은 동화책도 줄줄 읽는데 반해 준성이의 한글 실력은 걸음마 수준이다. '아기'나 '나비' 같이 자신이 좋아하는 단어 몇 개와 삐뚤빼뚤 자기 이름 석 자 정도만 쓸 줄 안다. 그런 준성이가 하루는 무릎에 책을 올려놓고 열심히 소리 내 읽는 모습이 눈에 들어왔다.

손가락으로 글자를 하나하나 짚어가며 능숙하게 읽는 모습에 친구들이 하나둘씩 준성이 주변으로 모여들었다. 그러고선 다들 준성이가 읽어주는 책 속으로 쏙 빨려 들어갔다. 언제 이렇게 한글을 다 익혔을까 싶어 슬며시 다가가 보니 준성이는 글자를 읽는 게 아니라 그림을 보며 자신이 상상한대로 읽어 내려가고 있었다. 준성이는 친구들보다 한글 실력은 뒤쳐질지 몰라도 남다른 상상력과 표현력을 가지고 있었던 것이다.

가끔 한글이 눈과 입에 붙은 아이들이 오히려 책을 멀리하게 되는 경우를 보게 된다. 글을 모를 때는 잠들기 전 머리맡에서 엄마나 아빠가 읽어주는 동화책 이야기에 흠뻑 빠졌던 아이들이 책을 스스로 읽기 시작하면서부터는 오히려 글자에만 집중해 상상력이나 호기심이 줄어들기 때문이다. 그래서 준성이처럼 한글은 뒤늦게 깨우쳐도 그 나이 때, 자신이 가진 색깔을 마음껏 발휘하는 아이들을 보면 미래가 더욱 궁금해지기도 한다. 준성이의 성장은 느린 게 아니라 단지 다를 뿐이다.

육아의 중심은 '기르다'가 아닌 '자라다'

육아를 사전에서 찾아보면, '育兒: 아이를 기름'이라고 되어 있다. 그렇다면 '기르다'는 뭘까? '사람이 동식물을 자라게 하다'라는 뜻이다. 결국 육아란 아이를 보살펴 자라게 함을 뜻한다. 그러나 우리는 아이의 성장 자체보다는 그 속도나 퀄리티에 집중하곤 한다. 그래서 더 빨리, 더 잘하게 아이를 독촉하고 조바심을 낸다. 하지만 어디 '부모 뜻'대로 아이가 자라는 법이 있던가. 아무리 부모가 아이의 손을 잡고 등을 떠밀어도 아이는 자신의 속도대로 성장하고, 경험하며 세상을 배워나간다.

육아의 중심은 '아이'에 있다. 우리는 아이의 자람을 보살펴주고 지켜봐주는 서포터다. 보살피는 것과 도와주는 것은 엄연히 다르다. 보살필 때는 아이의 주체성을 침범하지 않지만, 도와줄 때는 아이의 주체성을 침범하게 된다.

배변훈련을 하는 시연이나 한글을 배우는 준성이의 경우를 보면, 한 발 뒤로 물러서서 아이들이 자라는 모습을 지켜보고 보살펴주는 것이 얼마나 중요한지 알 수 있다. 부모가 아무리 시침과 분침을 돌리려 애써도 결국엔 째깍째깍 아이의 시간은 제 식대로 흘러가기 마련이다.

깜빡하는 찰나, 아이는 자란다

동심을 추억으로 만드는
기다림

조금씩 작아지는 마법이불

얼마 전 TV 육아프로그램에서 재미있는 장면을 발견했다. 네 살 아들을 둔 배우 아빠가 아이가 잠든 틈을 타 늘 물고 빨던 인형을 방망이로 두들겨가며 묵은 때를 씻어내고, 말리는 모습이었다. 혹여나 잠에서 깬 아이가 인형을 찾을까 봐 비닐에 인형을 넣어 전자레인지에 재빨리 말리는 기지까지 발휘해서 말이다. 그 모습을 보니 웃음이 절로 나왔다. 가끔 육아프로그램에서 '저건 연출일 거 같은데', '저건 현실이랑 다른데' 싶은 장면들을 더러 봤지만 이번만큼은 리얼 그 자체였다. 욕실에 쭈그리고 앉아 방망이질을 하는 아빠와 영문도 모른 채 방망이질을 당하는 인형. 요즘 말대로 '웃픈' 장면이 아닐 수 없었다. 하지만 어쩌랴. 사랑하는 아들이 그토록 사랑하는 인형을 때가 꼬질꼬질 낀 채로 둘 수도 없고, 그렇다고 인형을 낚아채서 아들 보는 앞에서 방망이질을 했다간 애가 자지러질 수도 있으니 말이다.

아이들에겐 저마다 애착물이 하나씩 있다. 첫 만남을 기억하기도 어려울 만큼 오랜 시간 함께해온 인형, 일명 '쪽쪽이'라 불리는 인공 젖꼭지, 손에 꼭 쥐고 입에 물어가며 잠을 청해온 이불 등등 갖가지 사연이 담긴 물건들이다. 내 주변엔 아기 시절 이불을 근 30여 년째 간직하고 있는 어른도 있다.

20여 년 전 어린이집을 오픈했던 그해. 소희는 우리 어린이집에 합류한 네 번째 꼬마가족이었다. 아버지가 외교관이라 외국에서 살다 온 소희는 유난히 얼굴이 하얗고 도시적인 아이였다. 그런데 세련된 외모와 달리 소희는 처음 등원 때부터 꼬질꼬질한 이불을 질질 끌고 왔다. 아기 때부터 덮고 자던 첫 싸개였다. '땐땐이'라 불리던 소희의 이불은 4년째 소희와 한 몸이 되어 24시간을 함께하는 애착물이었다.

"소희야, 땐땐이 목욕 좀 시켜주면 안될까? 땐땐이가 냄새가 난

대요~"

처음엔 말로 살살 달래도 보고, 장난감이나 공주님이 그려진 예쁜 이불을 건네 보아도 소희는 땐땐이를 꼭 쥔 채 놓을 생각을 하지 않았다. 하도 끌고다니다 보니 소희에겐 미안한 말이지만, 이불이라기보다는 걸레에 가까워졌다. 너덜너덜 실밥도 이미 사라지고 닳아 구멍마저 군데군데 보일 정도였다. 어쩔 수 없이 소희가 잠든 새 재빨리 빨아 급히 드라이기를 동원해 말리기도 했지만 그것도 어쩌다 한 번. 소희와 땐땐이 사이를 떼놓긴 힘들었다.

대부분 애착물을 가지고 있는 아이들은 시간차는 있지만 성장과 함께 애착물에 대한 집착이 줄어든다. 하지만 소희는 집착을 넘어 의지하는 수준이었으니 유독 그 정도가 심했다. 땐땐이가 없으면 밥도 먹지 않고, 큰소리로 통곡까지 해가며 불안을 호소했다. 하지만 친구들과의 놀이에도 참여하지 않고 땐땐이를 손에 꼭 쥔 채 구석자리에 앉아 엄지를 쪽쪽 빠는 소희를 그냥 내버려둘 수는 없었다. 아니 갈수록 '걸레화'되는 땐땐이와 소희를 함께 두기엔 그 위생마저 걱정될 정도였다.

○월 ○일 ○요일.

오늘은 하와이 훌라댄스 타임! 폼폼을 허리춤에 달아주었더니 아이들이 신나하며 국적불명의 춤을 췄다. 한바탕 흔들고 나더니 낮잠 시간이 되자마자 금세 쌕쌕 잠이 들었다. 작전을 시작할 굿 타이밍! 소희가 끌어안고 자고 있는 땐땐이를 몰래 빼내 가위로 살그머니 반으로 잘랐다.

잠에서 깬 소희가 눈치챌까 살짝 겁도 났는데…… 소희는 "작아졌네?" 그러곤 아무 일도 없었다는 듯이 다시 땐땐이를 손에 쥔 채 어린이집을 돌아다닌다. 작전 성공!

○월 ○일 ○요일.

일주일이 지났다. 소희는 여전히 땐땐이가 작아진 거에 대해서 별다른 반응이 없다. 수영장 견학이 있는 오늘 2단계 작전!

소희가 물놀이에 한창일 때 땐땐이를 다시 반으로 잘랐다. 1/4로 작아진 땐땐이, 수영이 끝난 후 소희가 옷을 갈아입자마자 땐땐이를 찾는다.

"원장님, 원장님! 이것 봐요. 땐땐이가 작아졌어요!"

신기해 하는 눈치다.

"요정이 그랬나 봐요!"

마법사와 왕자님, 요정들을 좋아하는 소희답다. 완벽한 작전수행을 위해 맞장구를 쳐준다.

"어머나, 그러게~ 요정이 수리수리마수리~ 하며 마법을 걸었나 봐~"

오히려 재미있어 하는 소희. 친구들에게도 요정 이야기를 해주겠다며 신기해 하는 표정이다.

이 마법 작전은 소희의 관찰일기에 단계별로 자세히 적어났다. 그렇게 한 네다섯 번을 거쳤을까. 점점 작아지는 땐땐이를 보며 신기해 하던 소희는 어느새 이불이 자신의 손바닥 크기만큼 변하자 요정에게도, 땐땐이에게도 관심을 잃어갔다. 그렇게 소희는 애착물을 잊고 친구들과의 놀이에 더 열중하는 또래 소녀로 성장해갔다.

근 한 달여 작전을 수행하는 동안 처음에는 가슴이 조마조마했다. 소희가 울고불고 땐땐이를 찾지는 않을까, 내가 땐땐이를 자른 걸 알아차리지 않을까, 육아베테랑이라 자부하는 나였지만 그때만큼은 가슴이 두근반 세근반 했다. 다행히 '요정의 마법'이라는 소희의 자발적인(?) 주장에 맞장구도 치고, 능청맞게 소희에게 먼저 물어보기도 하면서 소희와 애착물의 행복한 이별을 도와줄 수 있었다.

아마도 아들의 소중한 인형을 야밤에 방망이질하며 빨래하던 그 아빠의 마음도 그러지 않았을까? 아들이 놀라지 않도록 하기 위해, 그리고 아들이 언젠가는 이별할 그 인형과 한때나마 행복한 시간을 보내게 하기 위해 밤새 쪼그리고 앉아 인형을 빨고 말렸을 것이다.

동심을 지켜주는 것이 어른의 몫

때로 어른들은 아이의 동심을 이해하지 못하고 현실의 기준에 맞춘 무모한 행동을 시도하기도 한다. '자연스러운 흐름'을 받아들이지 않고 '인위적인 개입'으로 아이의 성장에 칼을 대는 것이다. 소수이긴 하지만 어떤 엄마들은 아이가 쪽쪽이를 빨거나 인형에 집착하는 행동을 보고선 문제행동으로 받아들여 더러 상담을 하기도 하고, 급한 분들은 바로 해결에 나서기도 한다.

"그건 아기나 하는 행동이니까 안 돼!"

강한 제어는 아이가 수치심을 느끼게 하거나 주눅 들게 만들 수 있다. 그리고 원하지 않는 이별로 인해 마음의 상처가 생길 수도 있다. 그러나 '아이의 이별'을 그냥 바라보기에 어른들의 마음은 너무나 현실적이다. 심지어 발달장애나 자폐로 오인하는 경우도 있다.

그때가 아니면 절대 누릴 수 없는 것들 중의 하나가 동심이다. 언젠가 내 아이가 동심을 가졌던 때를 그리워할 날이 올지도 모른다. 어른의 잣대로 아이를 판단하고 분석하는 건 부모의 역할이 아니다. 부모는 그때 그 시절, 우리 아이가 누려야 할 동심을 지켜주는 역할을 해야 한다.

깜빡하는 찰나, 아이는 자란다

아이의 감정은
경험으로 학습된다

38개월짜리들의 놀림 배틀

고요하던 어느 날, 앙~ 울음소리가 들려왔다. 서준이와 유준이가 한바탕 입씨름을 벌인 모양이다.

"서~~주이~~~엉엉 나한테⋯⋯ 끄윽⋯⋯ 엉엉~"

뭐가 그리도 서러운지 유준이는 말도 채 잇지 못하고 눈물을 한 움큼 쏟아낸다. 38개월, 생일도 하루 차이밖에 안 나는 네 살 동갑내기 친구들. 대체 무엇이 이들 사이에 문제를 일으킨 걸까?

"서준아, 유준아, 왜 울어?"

유준이가 울고 있으니 당황해서 우물쭈물 맴돌기만 하는 서준이에게 이유를 물었다.

"음…… 유준이가 기저귀 하고 있어서, 그거 난 안 하는데…… 그래서 애기라고……"

아하, 아직 기저귀를 떼지 못한 유준이를 보고 서준이가 아기라고 한마디 했더니 유준이가 울음을 터뜨린 것이었다. 세상을 살아봤자 고작 38개월을 보낸 아이. 어쩌면 유준이는 생애 처음으로 '놀림'이란 걸 당하고, '서러움'과 '창피함', 그리고 '분함'의 복잡한 감정을 느꼈을지 모른다.

우선 서준이에겐 유준이도 곧 기저귀를 뗄 거라 말하고 유준이에겐 기저귀를 안 할 날이 곧 올 거라고 달랬다.

그 일이 있고나서 며칠 후.

앙~ 하고 익숙한 울음소리가 들려왔다. 또 유준? 이번엔 서준이었다. 공놀이를 하다가 사단이 났다. 서준이가 놀던 공이 유준이 앞으로 굴러오자 이를 잡은 유준이와 뺏으려는 서준이의 한판 다툼이 시작된 것이다. 힘으로는 밀리지 않는 유준이와 얼굴까지 붉혀가며 공을 뺏으려고 씩씩거리는 서준이. 서준이에겐 공을 뺏지 못하는 것이 생애 첫 굴욕이었을 상황. 만약 이 아이들이 일곱 살이었다면 난 아마도 서로가 서로를 놀리는 것이 얼마나 나쁜 일인지, 그리고 누군가를 놀리다 보면 나도 놀림을 당할 수 있다는 사실을 주지시키며 상대방의 입장이 되어서 생각해보라고 일러줬을지 모른다.

그러나 네 살, 이제 갓 기저귀를 떼고 세상을 알아가는 아이들에게 공감과 소통, 역지사지 등은 너무나 어려운 이야기다. 그래서 나는 그들이 직접 경험하고 느껴볼 수 있도록 내버려두었다.

30분이나 지났을까, 어느 새 유준이와 서준이는 공놀이를 함께하면서 깔깔거린다. 서준인 좀 전의 굴욕은 온데간데없고 유준이의 말에 귀를 기울인다. 기저귀는 못 뗐지만 공놀이를 잘하는 유준이, 일찌감치 배변훈련에 성공은 했지만 공을 뺏는 힘이 약한 서준이는 다시 둘도 없는 친구사이로 돌아온다.

"원담밈~ 난 유준이가 제~일 좋아요."

"나도! 나도! 서주이(서준이) 조~아~"

오로지 네 살, 그 시기에만 가질 수 있는 찰나의 순간을 두 아이는 하루 가득 느끼고 있는 것이다. 때로 어른들은 아이보다 오래 살았다는 이유만으로 아이들이 세상과 사람을 경험할 기회를 차단하려 들 때가 있다. 이게 맞고 그건 아니다, 이럴 땐 어떻게 해라 등등 자신이 생각하는 기준을 아이에게 들이대지만 옳고 그른 감정은 누가 시킨다고 해서 느낄 수 있는 게 아니다. 그들의 감정은 오로지 자신의 경험을 통해서만 학습할 수 있다.

세 살, 네 살 때는 한창 인성의 기초를 닦고, 바른 식습관을 들이며, 자아가 싹트는 시기다. 세상의 다양한 것을 제 손으로 만져보고,

냄새 맡고, 몸으로 굴러보며 다양한 경험을 기억으로 쌓아가는 시기이기도 하다. 식물로 비유하자면 이제 떡잎 속에서 새순이 막 자라나고 있을 때다. 스스로 신발도 신어 보고, 벽에 낙서를 하거나 바지에 오줌을 싸면서 혼도 나보고, 넘어지고, 친구들과 싸워도 보고, 울음으로 자신의 의견을 표현하기도 하고, 웃음으로 사랑을 받아 보기도 하고……. 오로지 이 시기에만 경험할 수 있는 것들이다. 이런 다양한 경험을 통해 아이의 몸속에는 다양한 감정이 채워지게 된다.

서준이나 유준이 모두 놀림 배틀을 통해 굴욕과 서러움, 서운함, 분함 등의 감정을 느꼈지만 우정이라는 새로운 감정 또한 느낄 수 있었을 것이다. 기쁨과 슬픔, 아픔, 상실, 성취감, 우정, 질투, 서운함 등등 아이가 앞으로 배워나가야 할 감정들은 무궁무진하다. 어른들이 그 감정들 하나하나에 정의를 내리고 토를 달며 아이를 이끌려하는 것은 '가르치는 것'이 아니라 아이의 경험을 '박탈하는 것'이다.

"너의 하루, 너의 성장을 축하해!"

우리 어린이집에서는 매달 다양한 파티가 열린다. 수영복을 뽐내는 여름 패션쇼에서부터 가족사진 전시회까지 아이들의 시선에 맞춰 축하할 거리들을 찾아낸다. 어떻게든 파티 할 명목을 찾아내는 나

기저귀파티, 너의 성장을 축하해 1

기저귀파티, 너의 성장을 축하해 2

는 역시나 오지랖 넓은 평생엄마다. 아무튼 우리 어린이집에서 열리는 수많은 파티 중 하나가 바로 '기저귀 파티'다. 말 그대로 기저귀를 뗀 아이들을 축하하는 자리다. 누군가에게는 너무나 힘들었을, 누군가에게는 자연스럽게 지나갔을 '기저귀 떼기'를 그냥 지나칠 수 없어서 시작하게 되었다.

기저귀 파티는 생일 파티와 다를 바 없다. 내가 케이크를 사오면 파티의 주인공인 아이들뿐만 아니라, 언니오빠 반까지 모두 모여 축하하고 즐겁게 파티를 즐긴다. 고깔모자도 쓰고, 박수도 치고, 노래도 부른다. 처음엔 어리둥절한 아이들도 자신이 뭔가 축하받을 일을 해낸 것이라 느낀다.

"나, 생일이에요? 야! 좋다"

아이는 '기저귀 파티'가 뭔지도 모른 채 그저 케이크와 촛불을 보고 좋다고 박수를 친다. 그렇지만 이때의 경험과 감정이 아이의 삶을 풍성하게 만들어 줄 것이다.

나는 매번 기저귀 파티를 열면서 기도하곤 한다. 아이들이 느끼는 어렴풋한 '뿌듯함'이 앞으로 더 자주, 더 많이 생기길 말이다. 성취감과 축하받는 기분, 더불어 나누는 기쁨, 이 다양한 느낌이 아이의 몸과 마음속에 쏙쏙 채워지길 말이다.

아이는 어른을 흡수하는
리트머스 종이

엄마는 깜박깜박, 아이는 재깍재깍

점심식사 후 저만치서 세 여자아이가 서서 한참 이야기를 나누고 있다. 뭐가 그리 심각한 건지, 굳은 얼굴을 서로 맞대고 있다. 셋이 작당모의라도 하는 걸까, 옆으로 가서 귀를 쫑긋 세웠다. 상황을 보니 서윤이의 양치컵이 문제였다.

"서윤아, 니 꺼 어딨어?"

"안 가져왔어."

"엄마한테 챙겨달라고 해야지이~~~"

서윤이가 양치컵을 갖고 오지 않아 은솔이와 세아가 절친답게 함께 걱정을 하는 중이었다. 하지만 여자들의 수다란, 역시나 저어~기 삼천포로 빠지는 건 어른들과 다를 바 없다.

"요새 엄마가 깜박깜박한대."

"그래? 우리 엄마도 깜박깜박하는데…….."

"어떻게? 이렇게?"

세아가 눈을 깜박거리며 모션을 취한다. 옆에 있던 나는 간신히 웃음을 참고 있는데, 서윤이와 은솔이는 여전히 진지하다.

"맞아, 이렇게 깜박깜박."

"우리 엄마도, 우리 엄마도!"

그리곤 셋 모두 연신 눈을 깜박댄다.

한날은 내가 직접 차를 몰고 아이들과 현장학습 장소로 가고 있었다. 간만의 외출이라 아이들은 들떠 있었다. 하지만 아무리 24시간 웃는 '평생엄마' 원장이라도 아이들을 태우고 가는 길은 언제나 극도로 예민할 수밖에 없다.

"얘들아, 너무 시끄러워서 선생님이 어지럽다~ 운전을 못하겠어~"

투정 아닌 투정을 부려봤더니 아이들의 화제가 금세 나에게로 모아졌다.

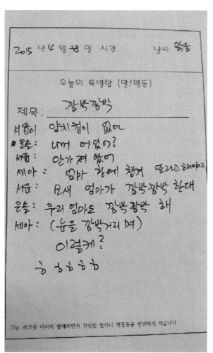

엄마는
깜빡깜빡

"원장님, 정말 머리 아파 보였어요!"

사뭇 진지하게 시현이가 한마디 하니 저마다 말을 덧붙인다.

"우리 엄마는 허리도 아프고. 그래서 주사도 맞고 그러는데."

"준희야 엄마가 왜 아프실까?"

"응…… 오빠랑 나랑 동생 키우느라 아프고 또 빨래도 해야 하고. 밥도 해야 하고, 반찬도 만들어야 하고, 아빠도 깨워야 하고. 어, 아무튼 우리 엄마는 엄청 아파요."

147

너도나도 '아픈 엄마' 이야기에 푹 빠진다. 다은이도 질세라 말을 잇는다.

"우리 엄마도 나 키우느라 허리가 아프대!"

아이들의 이야기를 듣다 보니 어느새 긴장이 풀어졌다.

"얘들아, 그러고 보니 안 아픈 엄마가 없네?"

그러자 말없이 있던 하린이

"우리 엄마도 쬐금 머리가 아프대요."

안 봐도 눈에 훤하다. 아이들 앞에서 골치 아파하는 엄마가 이도 저도 표현 못하고 자신의 머리만 쳐댔을 것이다.

아이들과의 대화는 항상 예상 못한 즐거움을 준다. 이 작은 아이들이 어른보다 더 예리한 눈으로 세상을 보고, 자신의 방식대로 가족과 세상을 이해하는 모습을 보는 것은 나의 또 다른 즐거움이기도 하다.

물론 항상 웃음을 주는 대화만 있는 것은 아니다.

어느 날엔가는 몸이 힘들어 아이들과 놀기에는 몸이 부치는 날이었다. 하필 그날 준희가 비행기를 태워달라고 한다. 하지만 어쩌랴. 사랑스러운 눈빛으로 나를 보는 준희의 말을 거절할 수가 없었다. 준희를 발목 위에 앉히고 비행기를 태우는데, 옆에서 지켜보던 서희가 피곤해 하는 원장님 모습이 안쓰러웠나 보다.

"원장님은 왜 씰떼없이 비행기를 태워줘요?"

흠칫 놀랐다. 무슨 뜻인 줄 알고나 쓰는 걸까?

"서희야~ 그런 말은 누구한테 배웠니?"

"엄마요. 씰떼없이가 무슨 뜻이냐면요~ 안하는 것인데, 하는 것이에요!"

그 대답이 똘똘해 보여 뭐라 말은 못했지만 서희 엄마의 평소 말투가 떠올라 마냥 웃을 수는 없었다.

서희가 나를 놀라게 한 대화는 또 있다.

"원장님은 이노므시끼예요."

이번엔 흠칫이 아니라 화들짝 놀랐다. '놈? 시끼?'

"엥? 그건 무슨 뜻이니, 서희야?"

"외할머니가 우리한테 그랬어요. 그건 나쁜 말이 아니고 '시끼'는 '아이고~ 내 새끼~'랑 같은 말이구요, '이노므'는 예쁘단 말이에요."

"외할머니가 그렇게 설명해주셨어?"

"아뇨, 내가 알아낸 거예요."

스스로도 자신이 똘똘하단 걸 아는지 서희의 얼굴은 꽤나 뿌듯해 보였다.

요만한 아이가 뭘 알까, 싶지만 아이들의 흡수력은 어른들의 생각 그 이상이다. 강력한 리트머스지와 같아서 보고 들은 것을 마구 흡수해댄다. 물론 서희처럼 현명함을 타고난 아이라면 흡수한 것을 제 식으로 잘 소화할 수 있지만 모든 아이가 그런 것은 아니다. 어른의 나쁜 말, 표정, 기운들은 고스란히 아이들에게 전이되고, 아이들은 이를 그대로 행동으로 옮긴다.

엄마의 잦은 '깜박깜박'이

내가 어린이집을 운영하면서 만난 수많은 어른들을 보며 항상 안타깝게 느낀 점이기도 하다. 어른들에겐 그저 찰나의 순간이지만 아이들은 그 찰나마저 재깍재깍 받아들여 흡수해버린다. 어른의 말, 행동, 표정을 기가 막히게 잡아내고 여과 없이 받아들이는 것이다. 아마 당사자인 어른들은 '내가 그런 말을 했었나?', '내가 그런 표정을 지었었나?' 할 정도로 '깜박' 하고 지나갔을 것들도 말이다. 때로는 욕설을 욕설인지도 모르고 따라하거나, 남에게 피해를 주는 행동인지도 모른 채 그 행동이 습관이 될 수도 있다. 어디 이뿐인가. 어른의 강압적인 말투나 행동에 위축돼 소심한 성격으로 자라날 수도 있다.

아이들과 함께 지내다 보면 그 엄마나 아빠를 자주 보지 못해도 가족들의 성격이 고스란히 보일 때가 있다. 부모가 하는 말이나 행동, 가족의 분위기가 아이에게 그대로 물들어 드러나기 때문이다.

나는 어른들이 찰나의 소중함을 꼭 알았으면 한다. 무심코 하는 말, 행동, 표정이 아이에게 얼마나 큰 영향을 미치는지를 말이다. 아이와 함께 있을 때만이라도 아이에게 초점을 맞춰 집중한다면 좀 더 긍정적이고 애정이 가득한 '색깔'을 전해줄 수 있지 않을까?

"애 앞에선 찬물도 못 마신다."는 말이 그냥 전해져 온 말은 아닐 것이다. 아이의 리트머스지가 오염되지 않게, 건강한 성장으로 채워질 수 있게, 찰나의 말과 행동도 조심해야 하지 않을까?

관찰일기로 보물을 찾아보세요!

  관찰일기에 대한 착각, 하나! 관찰일기는 엄마의 일기가 아닙니다. 관찰일기는 아이를 위한 기록이자 아이의 황금기가 고스란히 담긴 세상 하나뿐인 '아이의 히스토리 북'입니다.

  엄마의 감정, 엄마의 생각을 쓰는 것이 아니라 관찰한 아이의 모습을 담는 공간으로, 모든 감각을 아이에게 집중해 기록을 남겨 보세요.

관찰일기의 역할 세 가지

▶ 첫째, 아이를 눈과 마음으로 찍는 엄마만의 카메라

엄마의 기억력을 자신하지 마세요. 기억에도 한계가 있습니다. 엄마의 눈에 포착된 그 순간을 곧바로 기록으로 남긴다면 훗날 무척 소중한 앨범이 될 거예요.

▶ 둘째, 아이의 행동변화와 성장을 엿볼 수 있는 데이터베이스

기고, 일어서고, 걷고, 뛰는 등 신체적 성장뿐만 아니라 단어에서부터 문장으로 이어지는 언어능력의 변화, 그리고 기쁨, 슬픔, 분노 등 감정의 변화까지 아이의 성장에 따른 다양한 변화를 관찰일기에 담아 보세요. 만약 문제행동이 발생했다면 관찰일기의 기록을 통해 아이의 마음이 어떤지, 무엇이 달라졌는지 알아낼 수 있습니다.

▶ 셋째, 아이가 사랑받고 자란다는 증거자료

동생이 생기거나, 엄마아빠가 바쁘거나, 아이가 훌쩍 커버리면 부모의 사랑표현도 줄어들게 됩니다. 아이가 애정을 갈구하거나 이런 상황에 반항심을 일으키면 관찰일기를 꺼내 보여주세요. 아이가 태어나면서부터 지금까지 얼마나 많은 사랑을 받아왔는지, 엄마가 눈과 마음을 얼마나 집중시켜 왔는지를 알게 될 것입니다.

관찰일기 속 보물찾기

▶ **아이에게 동화책 대신 읽어주세요!**

1년 전 오늘, 어떤 말을 하고 어떻게 행동했는지 즐겁게 떠올리며 관찰일기를 함께 읽어보세요. 아이는 사랑받았던 기억을 떠올리면서, 엄마의 애정을 오롯이 느낄 것입니다.

▶ **가족들과 공유하세요!**

바쁜 아빠, 자주 만나 뵐 수 없는 할머니나 할아버지, 친척들에게 한 번씩 관찰일기를 꺼내 보여드리세요. 아이의 성장기록을 공유하면 각자에 맞게 육아에 보탬이 되는 역할을 할 수 있습니다.

▶ **육아가 지칠 때 꺼내보세요!**

때로는 아무리 사랑스러운 아이라 해도 괴물처럼, 짐처럼 여겨질 수 있습니다. 몸과 마음이 고단할 때 지난 관찰일기를 꺼내보면서 아이를 향한 애정과 아이의 사랑스러운 모습을 떠올려보세요.

아이와 엄마 혹은 선생님이 같이 관찰일기를 꺼내보세요.

PART 4

특명!
아이의 신호를 캐치하라

관찰일기는 아이를 위한 육아 수사일지
어른의 스톱? 아이 성장의 스톱!
생각이 부지런해야 아이의 속사정이 보인다
사랑받는 법을 알려줘야 사랑하는 법도 알아간다
저마다의 히스토리로 자라는 아이들

아이가 말썽을 피우거나 징징대면 부모는 아이의 행동을 '문제'로만 인식해 어떻게든 고치려 하고, 훈육하기에 바쁘다. 하지만 조금만, 한 템포만 대응을 늦추고 지켜보면 아이의 말썽과 징징거림에는 그만한 이유가 있고, 그만한 성장 과정이 숨어 있다는 것을 알게 된다.

관찰일기는 아이를 위한
육아 수사일지

왜 친구를 때렸을까?

사건발생일 : 2016년 3월 ○일.

제보자 : 다섯 살 ○○반의 몇몇 엄마들.

사건 주인공 : 다섯 살 문강록.

사건 접수자 : 우리 어린이집의 출동대장인 '나'

봄기운이 기지개를 켠 덕분일까. 날씨가 따뜻해지는 이때쯤이면 아이들의 에너지도 넘쳐난다. 그래서 웃음도, 울음도 많은 시기이기

159

도 하다. 소소한 일에도 배꼽을 잡고 웃다가 뒤돌아서면 금세 토라져 '너랑 안 놀아!'를 연발하는 것이 요맘때 아이들이 보이는 행동이다.

올해도 조용히 지나갈 리가 없다. 올봄의 사건 스타트는 강록이가 끊었다. 제보자인 엄마들 말로는 아이들이 어린이집에서 하원하면 강록이 이야기를 많이 한다고 한다.

"엄마, 오늘 강록이가 나 오늘 이렇게 때렸어요!"

"얼집(어린이집) 안 갈래~ 록이 무서워. 안 갈 거야~"

다섯 살 꼬맹이가 뭘 어떻게 했기에 이런 사태가 일어났을까? 이런 경우, 아이들의 말로만 상황을 판단해선 안 된다. 상상력이 넘쳐나는 아이들이라 현실과는 동떨어지게 상황을 이해하고 설명하는 경우가 많기 때문이다. 더군다나 아이들은 상대의 감정과 의도를 파악하는 게 서툴다.

사실 처음 사건(?)을 접하고선 의아한 마음이 들었다. 강록이는 이른바 우리 어린이집의 마당발이다. 잘 웃고, 잘 뛰어다니고, 목소리도 크고, 액션도 커서 어떤 이야기를 하든 생동감이 넘쳐난다. 덕분에 동생들과도 잘 놀아주고 새로운 아이들이 오면 적극적으로 나서서 적응하게 도와주기 때문에 우리 어린이집에서 없어선 안 될 아이다.

그런 강록이가 친구들을 때린다고? 의아하긴 했지만 제보자가 하나둘씩 늘어나면서 적절한 개입이 필요하다는 생각이 들었다. 그래

깜빡하는 찰나 아이는 자란다

서 강록이의 행동을 예의주시했다. 일명 '관찰수사'를 시작한 것이다. 관찰수사는 아이들의 일상과 관찰일기를 통해 사건의 배경은 무엇이고 어떻게 대처해야 할지를 찾아내는 것이다. 아이들의 행동에는 저마다 사연도 있고, 이유도 있으며, 어른들의 눈으로는 좀처럼 파악하기 힘든 것들도 곳곳에 숨어 있다. 그 숨은 비밀들을 찾아내려면 일상을 세밀히 관찰하고 지난 행동들에서 패턴을 찾아봐야 한다.

그렇다면 강록이의 수사일지는 어떠했을까?

관찰수사의 첫 단계는 상황을 파악하는 것. 제보만으로 판단하는 것은 너무 성급하기 때문이다. 내가 직접 지난 관찰일기를 통해 자료를 수집하고 주변 사람들의 증언을 다각도로 들어야 한다.

첫 증언자, 담임선생님. "아니에요. 그냥 친구들이랑 놀이를 하는 상황일 뿐이에요."

다음은 강록이 엄마. "친구들이랑 노는 걸 얼마나 좋아하는데 때릴 리가 없어요."

마지막으로 사건의 주인공 강록이. "안 때렸어요. 같이 놀았어요!"

다양한 증언을 들어보니 '때렸다'고 말할 만한 행동은 보이지 않았다. 그런데 단 하나의 공통된 증언이 있었으니…… 그것은 바로 '놀았다'는 증언이다. 그렇다면 노는 과정에 사건의 포인트가 숨어 있

161

PART 4 특명! 아이의 신호를 캐치하라

을 수 있다.

두 번째 단계는 내 눈으로 직접 확인하기. 여러 이야기를 종합해 본다 해도 내 판단이 100% 정확하란 법은 없다. 기본 정보를 파악한 상태라면 이때부터는 집중 관찰이 필요하다. 특히 아이들간의 싸움 아닌 싸움은 한발 물러서서 보는 것도 중요하지만 때로는 현미경으로 들여다보듯 세밀히 아이들의 행동과 표정, 그리고 말 하나하나를 집중 관찰해야 한다.

3일 동안 강록이를 집중 관찰하기로 하고 강록이와 친구들의 행동패턴을 살펴보기로 했다. 특히 선생님과 있을 때와 없을 때를 구분해 보기로 했다. 그렇지만 강록이나 아이들이 내가 지켜보고 있다는 걸 의식하게 해선 안 될 노릇. 그래서 아이들이 눈치 채지 못하게 창문 너머로 아이들을 뚫어져라 지켜보았다.

강록이는 어린이집의 마당발답게 여전히 아이들을 모으고 노느라 정신이 없다. 선생님이 없을 때도 마찬가지. 오히려 아이들 무리에 끼지 못하는 친구를 찾아내 놀이에 합류시키거나, 장난감을 가지고 다투는 친구들 사이에 끼어 중재까지 하는 모양새다. 저런 강록이가 친구를 때린다고? 그러다 한 가지 눈에 띄는 점을 발견했다. 요즘 들어 강록이가 항상 하는 놀이가 정해져 있다는 것.

"함께 싸우자, 메카니멀~~ 고!"

"해치워라!"

"공격하고 와라!"

혼자 1인극을 하는 게 아니다. 친구들에게 나름의 역할을 주고, 파워를 날리는 강록이. 요즘 유행하는 만화영화에 심취해 있던 강록이는 만화의 주인공이 되고 싶어했고, 옆에 어떤 아이든 끌어들여 만화영화 캐릭터 놀이를 하곤 했던 것이다.

문제는 여기서 발생했다. 액션이 넘쳐나는 만화영화다 보니 강록이가 주인공처럼 날리는 '파워'들이 아이들에겐 그저 때리는 행위로밖에 받아들여지지 않았던 것. 게다가 주인공 주변엔 조력자도 있지만 대부분 악당들이 즐비하기 마련이다. 본의 아니게 악당이 된 아이들은 강록이의 파워를 고스란히 받아내야만 했던 것이다.

강록이는 놀이라 생각했지만 아이들은 강록이의 실감나는 표정과 액션에 자신이 맞았다고 생각했던 것. 쉭쉭~ 소리를 내며 날아오는 강록이의 주먹을 몸에 맞지 않았어도 아이들은 강록이의 행동을 폭력으로 받아들인 모양이다.

강록이 입장에선 억울할지 몰라도 아이들의 입장 역시 십분 이해해줘야 하는 상황이었다. 어린이집 출동대장의 임무를 띠고, 솔로몬만큼 현명한 해결책을 내려야 하는 나는 강록이를 좀 더 파악하기 위해 작년 네 살 때의 강록이 관찰일기를 펼쳐봤다. 혹시 우리가 모르는 강록이의 숨은 특성이 있는 건 아닐까, 내가 놓친 건 없을까 싶어서였다.

네 살 때도 강록이는 변함 없었다. 일기마다 가장 눈에 띈 건 강록이의 놀이스타일. 뛰고 구르는 등 몸놀이를 즐겨했다. 다행히 당시 강록이 반에선 그 어떤 제보도 없이 친구들과 잘 어울렸다. 그렇다면 무엇이 문제일까? 그것은 강록이가 다섯살반에 들어가면서 상황이 바뀌었기 때문이다. 네 살 때 있었던 반과 달리 여자아이들이 늘어난 데다, 얌전한 성향의 친구들이 몇 명 들어오면서 강록이의 몸놀이가 살짝 빛을 잃은 것이다.

문제 해결, 각자의 입장에 맞게 맞춤 설명

모든 상황을 파악한 뒤에는 선생님, 학부모들, 아이들 그리고 강록이 엄마와 강록이에게 이해를 구하고 대응책을 내놓아야 했다.

강록이에게는 강록이와 친구가 좋아하는 놀이 종류가 다르다는 사실을 설명해주고, 친구들(특히 맞았다고 생각하는)과는 다른 놀이를 하면서 어울려 지낼 것을 반복적으로 강조해줬다. 이때 강요로 받아들이지 않도록 강록이의 입장에서 이해할 만한 내용으로 설명해주었다. 자칫 자신이 피해를 입히는 입장이라고 인식해버리면 그 또한 상처가 될 수 있기 때문이다.

그리고 아이들에게는 강록이는 때린 것이 아니라 놀이를 한 것이라고 설명해준 뒤, 강록이와 하고 싶은 놀이가 무엇인지 물어보고 적당한 놀이를 찾아주었다.

그리고 담임선생님과는 이 모든 과정을 수시로 공유했으며, 학부모들에게는 학기 초 아이들이 친해지는 과정에서 서로 놀이패턴을 탐색하고 이해해가는 과정의 일부분이라는 것을 이해시켜줬다. 알게 모르게 가장 마음고생이 심했을 강록이 엄마에게도 관찰과정과 그간의 상황을 정확히 설명해드렸다. 그제야 강록이 엄마도 그간의 상황을 이해하게 됐다.

집에서도 강록이는 누나와 이 놀이를 즐겨했던 모양이었다. 누나는 강록이가 어떤 만화영화를 좋아하는지 알고 있었기 때문에 순순히 파워며 액션을 받아줬던 모양이다. 강록이는 누나의 반응이 긍정적이다 보니 친구들도 누나처럼 잘 받아주리라 생각했던 것 같고.

강록이 엄마에게 '친구들과 강록이가 좋아하는 것이 다르다'란 점을 강록이에게 천천히 이해시켜주시라고 당부해뒀다.

솔로몬의 비밀은 세심한 관찰

사실 어떻게 보면 이번 사건은 사건이라 말하기에도 뭣한 어린이집의 소소한 일상들 중 하나일 뿐이다. 하지만 이런 상황을 아이들 간의 사사로운 다툼으로 여기고 그냥 지나치거나 반대로 큰 문제로 인식해서 아이를 다그치면 오해만 쌓이게 되고 아이들에게도 상처가 될 수 있다.

아이들은 제각각 다른 성장과정을 거치기 때문에 같이 지내면서 다툼이 생기는 것은 어쩌면 당연한 일이다. 이때 아이들끼리의 일이라고 치부하기보단 단계별로 상황을 파악하고 올바르게 반응하는 것이 필요하다.

아이들은 저마다의 성장통을 겪으며 자라난다. 자신을 알아가고 상대를 알아가는 중요한 시기에 올바른 방향을 제시하고, 이해와 소통의 통로를 열어주는 건 어른의 몫이라는 걸 알았으면 좋겠다.

어른의 스톱?
아이 성장의 스톱!

엄마의 등짝 스매싱

    아마 어린이집 원장들 중 오지랖에 있어서만큼은 내가 대한민국 최고가 아닐까? 내 폰에는 단체 대화방이 수두룩하다. 자람반, 튼튼반, 고운반, 누리반 등등 각 반의 엄마들과의 단톡방(단체 카카오톡 채팅방)이다. 아직도 교류를 나누고 있는 졸업반 엄마들까지 합세하고 있으니, 내 폰의 메시지 알람이 매번 쉴 새 없이 울리는 것은 어쩌면 당연하다. 물론 단체방뿐만 아니라 개인별로도 학부모들과 자주 소통하는 편이다. 금쪽같은 아이들을 하루 단 몇 시간이라도 책임지는 입장에서 어느 아이에게도 소홀해선 안 되거니와 육아는 어른들의 정보공유가 무엇보다 중요하기 때문이다.

엄마들과 시시때때로 대화하다 보면 마치 잡지의 Q&A 코너처럼 질문들이 쏟아져 나온다. 기저귀는 언제 떼야 할지, 배변훈련은 언제 시작해야 할지 등등 기본적인 육아상식에 대한 질문은 물론, 자꾸 떼를 쓴다, 동생과 싸운다, 장난이 심하다 등등 엄마들이 문제행동이라 인식하는 것들에 대한 구체적인 해결책을 원하기도 한다.

기본적인 육아상식이야 나의 지식과 경험을 결합해 적절히 답해줄 수 있지만 문제행동에 대한 답은 신중을 기하는 편이다. 왜냐하면 아이나 부모의 특성에 따라 다른 대처를 해야 하기 때문이다. 게다가 내가 직접 보지 못한 상황이기 때문에 이렇다 저렇다 함부로 대답을 하기가 어렵다. 그래서 명확한 답을 제시하기보다는 부모의 입장에서 노력할 수 있는 포인트를 한두 가지 제시하는 편이다. 이러한 원 포인트 조언은 모두 아이에 대한 관찰을 토대로 이루어진다. 관찰한 자료를 분석하면 아이를 이해할 단서들을 찾을 수 있기 때문이다.

다섯 살 고운반에서 누가 봐도 눈에 띄는 아이가 있으니 바로 강우다. 키도 또래보다 한 뼘쯤 더 크고, 얼굴도 훤하니 잘생긴 우리 강우. 얼마 전에 반 친구와 놀던 중 쾅~ 하고 서로 머리를 부딪쳤던 모양이다. 강우와 부딪친 강록이는 엉덩방아를 찧으며 넘어졌지만, 강

미끄럼틀에 매달려
끌려가지 않으려는 강우

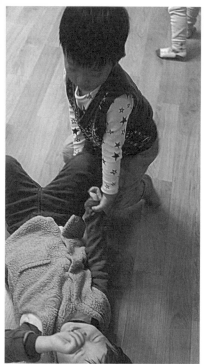

미끄럼틀에서 강우를
떼어내기에 성공한
강록이

우는 넘어지기는커녕 아프지도 않은지 친구를 멀뚱멀뚱 쳐다만 보고, 넘어진 강록이는 울음을 터뜨리다 일어나 내게 쪼르르 달려왔다. 화해라도 시켜줄 셈으로 강우를 불러오라고 했다. 그랬더니 지레 겁을 먹은 강우는 나에게 안 오겠다고 버티고, 강록이는 그런 강우의 팔다리를 붙잡고 끌고 오려고 했다. 버티는 자와 끌고 가려는 자의 힘 겨루기 때문에 어린이집이 한바탕 소란으로 들썩였다. 급기야 미끄럼틀 지지대에 매달린 강우. 그런 강우를 떼어내려 얼굴이 빨개질 때까지 힘을 쓰는 강록이. 결국 내가 나서서 소란은 끝이 났지만 선생님들 사이에선 폭소가 터졌다.

얼마 전엔 강우 엄마와 안부를 주고받다 나도 모르게 빵! 하고 터진 적이 있었다. 강우가 이번엔 집에서 엄마와 한바탕 소란을 벌였단다.

"제가 웬만해선 강우한테 눈을 안 떼는 편인데, 저녁 할 때는 힘들잖아요. 그래서 그때만 장난감이나 책, 스케치북 같은 걸 주며 혼자 놀게 하는데 어제는 유난히 조용~ 하더라고요. 뭔가 감이 오는 거예요. 그래서 얼른 거실에 가봤더니 글쎄……"

혹시나 했는데 역시나. 이게 웬걸 바닥과 소파, 심지어 벽까지 고체물감으로 알록달록하게 도배가 되어 있고 그 와중에 강우는 느긋한 표정으로 거실 한가운데에 앉아 엄마를 쳐다보고 있더란다. 그 어떤 엄마가 이 와중에 침착할 수 있을까. 평소 육아지침(?)을 잊은 강

깜빡하는 찰나 아이는 자란다

우 엄마는 자신도 모르게 빽 소리를 지르며 강우의 등짝을 세게 내리쳐버리고 말았단다.

"원장님, 제가 얼마나 속상했으면 애한테 등짝 스매싱을 날렸겠어요!"

속상한 엄마 마음, 놀랐을 강우 마음이 얼핏 떠오르긴 했지만 나는 "풉~ 푸하하!!!" 웃음부터 터지고 말았다. 물감 범벅이 된 강우네 거실과 멀뚱멀뚱 엄마를 쳐다보는 순둥이 강우, 그 와중에 '스매싱'이란 단어를 쓰는 강우 엄마의 재치. 이 모든 것이 한꺼번에 떠올라 웃음이 터졌다.

"아유, 진짜 속상했겠다. 그런데 어쩌겠어요, 넘치는 강우의 예술적 본능을. 그런데 강우 어머니~ 다음에 그런 일이 있을 때는 딱 세 번만 심호흡해보세요. 왜냐면 아이들은 그렇게 제지를 당하는 순간, 즐거웠던 기억이 금세 사라진대요."

엄마의 등짝 스매싱이 날아오기 전까지 물감과 물아일체가 되어 자신의 집에서 예술의 세계를 펼치고 있었을 강우. 하지만 등짝의 아픔에 그 즐거운 기억은 어쩌면 강우의 머릿속에서 영영 사라질 수도 있다.

육아를 하다 보면 안 그래야지 하면서도 욱하게 될 때가 있다. 제아무리 순한 아이라 해도 힘든 건 마찬가지. 어른이라면 대화로 해결한다 하지만 아직 성장 단계에 있는 아이들은 이해와 소통에 대한 학습이 충분치 않은지라 어른들의 방식으로는 해결이 불가능할 때가 많다. 오죽하면 '미운 ○살' 같은 별칭이 나오겠는가.

나는 강우 엄마뿐만 아니라 다른 엄마들에게도 이런 경우가 생길 때면 기다려주라고 조언한다. 육아는 시간과의 싸움이다. 아이를 기다려주고 받아들이는 과정을 끊임없이 겪어야 하기 때문이다. 답답한 마음에 부모가 제어를 하거나 개입을 하게 되면 아이의 성장에 꼭 필요한 과정과 기회가 사라질 수 있다.

강우와 같은 반인 다섯 살 가윤이. 여자아이인지라 강우 같은 남자아이에 비해 사고(?)치는 수준도 덜하고, 횟수도 극히 적지만 가윤이 엄마도 그 나름의 고민을 안고 있다.

"자꾸 징징거려요. 막 우는 것도 아니고 울 듯 말 듯 하며 입을 삐쭉 내미는데 혼내면 울고, 내버려두면 계속 징징거리니까 달래다 혼내다를 반복하게 돼요."

세 살 터울의 동생이 태어난 이후로 징징거림이 더 심해졌다는 가윤이는 첫째로서의 성장통을 겪고 있는 중이었다. 다른 아이들에 비해 내성적인 가윤이는 표현에 서투른 아이다. 가윤이의 관찰일기를 보면 가윤이를 묘사하는 말 중 가장 많이 등장하는 말이 "쑥스러워해서"이다. 처음 어린이집에 등원하던 때도 적응에 꽤 애를 먹었다. 적응을 곧잘 하는가 했지만 마음을 여는 게 힘들어서 그런지 뭘 물어

깜빡하는 찰나 아이는 자란다

봐도 대답을 잘 하지 못하고 쪼르르 도망가곤 했다. 그러나 한번 마음을 터놓기 시작하면 수다쟁이로 변모했다. 특히 귀신이야기를 좋아해서 몇몇 친구나 담임선생님 그리고 나에게 자주 해주곤 했다. 그러니까 귀신이야기는 가윤이만의 '친밀함'의 표현이었다. 그런 가윤이가 엄마한테만큼은 떼란 떼는 다 쓰고, 걸핏하면 징징거려 엄마의 화를 돋우곤 했던 것이다.

징징거림은 네 살 때 많이 나타나는데 자아는 강해지는 반면 아직 소통법이 서투르기 때문이다. 또한 울음이나 떼를 써서 원하는 것을 얻은 경험 때문이기도 하다. 징징거림은 특히 여자아이들에게 많이 나타나는데 가윤이처럼 내성적인 여자아이는 언어보다는 이런 표현방식이 자신의 생각을 나타내기에 익숙한 방법이기 때문에 그렇다.

어린이집에서는 스스로 징징거림을 끝낼 때까지 기다린다. 달래거나 말을 걸지 않고, 일부러 관심이 없는 척한다. 그리고 원하는 바를 정확히 이야기할 때만 아이에게 관심을 기울여준다.

난 강우 엄마와 마찬가지로 가윤이 엄마에게도 '기다림'을 권유했다. 가윤이는 내성적인 아이라 낯선 것에 예민하다. 처음 어린이집에 와 적응할 때도 울음으로 버텼고, 낯선 외식장소나 야외에 갔을 때도 징징거리는 때가 많았다. 환경변화에 대한 두려움을 징징거림으로 표현했고 그때마다 엄마가 달래주니 시간이 흘러도 고쳐지지 않았던 것이다. 이럴 땐 어르고 달래거나 혼내기보단 아이가 감정을 쏟아내고 변화에 익숙해질 때까지 한 발 물러서서 지켜보는 것이 중요하다. 스스로 변화에 적응하고 감정을 극복하는 과정도 성장의 일부분이기 때문이다.

그래서 나는 육아는 기다림이 전부라고 이야기할 때가 많다. 지켜보고 기다리는 과정을 반복하면서 부모 또한 아이와 함께 경험하고, 어려움을 극복해나가며 성장하는 것이다.

기다림의 미학, 아이가 자라고 부모가 자란다

지난 5월, 강우가 우리 어린이집을 떠나게 됐다. 농담반 진담반으로 벽에 물감으로 도배된 벽 때문에 이사를 가야할지도 모른다고 했는데 아빠의 직장 때문에 '진짜 이사'를 가게 됐다. 아쉬운 마음에 고운반 아이들과 함께 송별파티를 열어줬다. 사진을 보니 역시나 다른 아이보다 한 뼘이나 우뚝 솟은 강우가 눈에 띈다. 다른 어린이집에 가서도 그 우직한 성품을 간직한 채 즐거운 추억으로 가득 채우길 기도했다.

부모와 어른들의 기다림 속에 십 년, 이십 년 후 우직하고 밝은 청년이 되었을 강우, 수줍지만 상냥하고 정 많은 아가씨가 되었을 가운이의 모습이 기대된다. 기다림만큼 아이의 반짝이는 에너지가 잘 다듬어져서 빛을 발하고 있을 테니까.

    아이가 말썽을 피우거나 징징대면 부모는 아이의 행동을 '문제'로만 인식해 어떻게든 고치려 하고, 훈육하기에 바쁘다. 하지만 조금만, 한 템포만 대응을 늦추고 지켜보면 아이의 말썽과 징징거림에는 그만한 이유가 있고, 그만한 성장 과정이 숨어 있다는 것을 알게 된다. 기다림은 아이를 이해하기 위한 바탕이자 아이는 그속에서 자신다움을 만들어 가기 때문에 부모로서 반드시 갖추어야 할 덕목이라 할 수 있다.

175

생각이 부지런해야
아이의 속사정이 보인다

상상과 현실, 거짓말과 진실의 차이

둘째인 윤수가 휴가를 나왔다. 사실 부대가 집에서 멀지 않고, 휴가도 자주 나와서 군 생활 초기와는 달리 약간 소홀한 마음도 없지 않아 있었다.

"그래, 윤수야. 엄마 좀 늦을 거야. 냉장고에서 반찬 꺼내 밥 먹고 있어~"

휴가 나온 둘째아들의 어린이집 방문

아들에게 낯가림도 없이 매달리는 아이들

그런데 그새 엄마가 보고 싶었던 건지, 어린이집에 군복을 입은 채 방문한 윤수. 시커먼 군인아저씨가 들어서자 호기심 많은 아이들이 쪼르르 달려와 요리조리 뜯어보더니 어느새 팔이며 다리며 매달려 혼을 쏙 빼놓는다. 아이들의 감이 참 대단하다고 느껴지는게 만만한(?) 원장, 그리고 그 엄마에 그 아들인 것을 알아본 건지 처음 보는 아저씨에게 낯가림도 없이 놀아달라고 난리다. 그중에도 겁 많고 수줍음 많은 몇몇 아이들은 선뜻 다가서지 못하고 있는데, 윤수가 가만 내버려둘 리가 없다. 동네방네 남녀노소 사이사이를 헤집고 다니던 녀석답게 금세 제 편으로 만든다. 나와는 인사도 나눈 채 만 채, 어린이집 바닥을 뒹굴며 아이들의 장난감이 돼 주었다.

말 잘 듣고 뭐든 알아서 척척 해내는 모범생 큰아이에 비해 둘째 윤수는 손도 많이 가고 마음도 많이 쓰게 한 아픈 손가락이다. 기질적으로 예민한 아이였는데, 좋은 말로 하면 '자유로운 영혼'이요, 나쁜 말(나쁜 말도 아니지만)로 하면 '어디로 튈지 모르는 청개구리 같은 녀석'이었다. 크고 작은 에피소드들이 많지만 그중에서도 가장 기억에 남는 것이 바로 '도난사건'이다. 말만 들으면 손 떨리게 만드는 거창한 사건인 것 같지만 그 내막은 귀엽다 못해 안쓰럽기까지 한 사건이었다.

윤수가 초등학교 1학년 때, 호기심은 많으나 싫증을 잘 내는 아이에게 뭐 하나 취미를 붙여주고 싶던 차에 물을 좋아할 뿐만 아니라 운동신경이 또래보다 괜찮다는 사실을 알고 YMCA 스포츠단에 보내기 시작했다. 내가 어린이집에서 오후 업무를 보는 동안 윤수가 안전하게 운동을 하며 시간을 보낼 수 있어서 안성맞춤이었다.

학교를 마친 후인 오후 1시경에 스포츠센터의 승합차가 집 근처 슈퍼 앞에 서는데, 잊지말고 시간 맞춰 나갈 것을 윤수에게 신신 당부했다. 그런데 어느 날, 슈퍼 아줌마가 어린이집으로 전화를 걸어왔다. 그것도 무척 화난 목소리로 말이다.

"명색이 어린이집 원장이란 사람이 자식 교육을 그렇게 시켜요?"

마른하늘에 날벼락이었다. 대체 윤수가 무슨 짓을 했기에 이러나 싶었다. 나중에 알고 보니 글쎄 슈퍼에서 과자를 훔쳤다는 것이었다. 그것도 한 번이 아니라 세 번이나. 용돈이 궁했던 것도 아니었을 테고 평소 남의 물건을 탐하는 아이도 아니었는데, 대체 왜 그랬을까? 두어 번은 슈퍼 아줌마도 눈감아줬던 모양이지만 이번엔 기어코 짚고 넘어가야겠다 생각했던 것. 우선 전후 사정은 뒤로 한 채 죄송하단 말부터 드리고 과자 값을 변상해드렸다. 그리고 둘째를 앉혀놓고 왜 그랬는지 물었다.

"윤수야, 너 왜 돈도 안 내고 과자를 가져왔어?"

"과자가 맛있어 보여서…… 근데 집에 돈을 가지러 가면 수영버스가 가버리잖아. 다음에 돈 가져가려 했는데 까먹었어."

돈을 주고 과자를 사야 한다는 생각보다 과자가 먹고 싶은 마음이 더 앞섰던 것이다. 거짓말이라 생각할 수도 있었지만, 난 윤수의 눈을 들여다보며 믿었다. 아이에게는 돈보다 더 중요한 것이 늘 있게 마련이니까.

아무튼 윤수에겐 아무리 과자가 먹고 싶어도 돈을 먼저 내는 것이 우선이라고 단단히 일러뒀다. 그러고는 윤수의 평상시 일과와 행동을 돌이켜보았다. 아무리 생각해도 문제가 될 만한 점이 떠오르지 않았다. 집에 항상 간식을 준비해두었고, 혹시 몰라 용돈도 부족하지 않도록 신경을 썼다.

그러나 문제가 될 만한 점이 없다고 해서 무작정 아이를 나무랄 수는 없었다. 돈의 개념을 이제 막 익혀가고 있는 과정인 데다가, 자칫 잘못 나무라면 충격을 받을지도 모를 일이기 때문이었다. 차근차근 잘못된 부분을 짚고 앞으로 해야 할 행동을 일러주는 것이 필요했다. 무엇보다 '왜'가 중요했다. 왜 과자를 그냥 가져왔을까보다는 왜 과자가 먹고 싶었을까가 궁금했다. 아이의 행동에는 어른의 개념으로 이해하기 힘든 것들이 많다. 우리의 상식과 다른, 아이 자신도 깨닫지 못하는 원인이 있을지 모른다.

"윤수야, 슈퍼에는 왜 간 거야? 배고팠어?"

"아니, 심심해서."

나는 매일 아침 큰애와 작은애를 초등학교에 바래다주고 어린이

깜빡하는 찰나 아이는 자란다

집으로 출근을 한다. 큰애가 학교를 마치고 돌아오는 시간과 내가 퇴근하는 시간은 오후 5시경으로 비슷하다. 그때까지 둘째 윤수는 홀로 있어야 한다. 물론 내가 미리 점심을 챙겨두거나 할머니가 돌봐주기도 하지만 학교에서 돌아와 스포츠센터 버스가 올 때까지 한 시간 정도는 윤수가 홀로 보내는 경우가 많았다. 그러다 보니 버스가 오는 시간보다 더 빨리 집 앞에 나와 버스를 기다리곤 했는데 슈퍼 앞이다 보니 슈퍼의 과자들에 자연히 눈길이 갔던 것.

괜히 마음이 짠해지면서 모두 다 내 탓인 것만 같았다. 난 윤수의 외로운 시간을 채워주려 푸들 한 마리를 입양했다. 이름하여 '푸순이.' 푸순이는 우리 집의 복덩이가 됐다. 푸순이가 온 이후로 윤수의 무모했던 슈퍼탐험은 끝이 났다. 그때 우리 집에 들어온 푸순이는 개치고는 고령임에도 불구하고 여전히 우리 집 식구로 잘 살고 있다. 만약 그때 자세한 사정도 모르고 아이를 나무랐다면 윤수 마음에 생채기만 남겼을 것이다.

나는 행동이 앞서 나가려고 할 때, 흥분을 가라앉히고 '생각'을 한다. 아이가 저지른 행동에서부터 역순으로 차근차근 짚어 나가다 보면 의외의 실마리가 튀어나오기 때문이다.

아이를 이해하는 데는 '생각의 부지런함'이 필요하다

　상상과 현실, 거짓말과 진실에 대한 기준은 어른과 아이가 다르다. 착함과 나쁨도 마찬가지다. 아직 때가 묻지 않은 어린 아이들에게 그 경계선은 모호하다.

　어떤 아이는 어린이집 장난감을 가방에 넣어가지고 집으로 돌아가도 한다. 엄마가 출처를 물으면 아이는 이렇게 답하기도 한다. "친구가 줬어!" 아이의 기억에선 장난감을 가지고 즐겁게 놀았던 것이 중요하지, 어떻게 들고 왔는지의 문제는 중요하지 않다.

　어린이집 자유놀이 시간, 실컷 보자기를 가지고 놀던 준영이가 보자기는 바닥에 내동댕이친 채 블록놀이를 하고 있다. 한참을 놀다 정리시간이 되었다. 블록은 준영이의 재빠른 손에 말끔히 치워졌지만 보자기는 그냥 뒹굴고 있다. 이때 선생님이 묻는다.

　"준영아 누가 보자기 가지고 놀았을까?"

　"저, 아닌데요?"

　준영이는 아마 보자기의 존재를 잊었을 것이다. 블록놀이를 더 재미있게 했기 때문에 뒤 상황에 가려 앞 상황을 잊은 것이다. 자신의 행동에 대한 기준이 없기에 자신이 좋아한 감정, 상황에만 집중할 뿐이다.

사정은 이런데 어른들은 일어난 상황에만 집중한 나머지 아이를 나무라거나 때로는 "애들 때는 다 그렇지 뭐"라며 자신과 타협하려 든다. 하지만 조금만 더 부지런히 생각하고 노력한다면 그 안에 숨은 아이의 속사정을 찾을 수 있다.

아이에겐 자신의 시선으로 이해한 것이 현실이 되고, 자신이 믿고 싶은 것이 진실이 된다. 반면 무엇이 나쁜 짓인지, 잘한 것인지는 어른이 구분해주는 대로 정해진다. 어른들의 나무람과 칭찬을 통해서 말이다.

나는 모든 평가는 뒤로 미루라고 말하고 싶다. 아니 평가는 아이 스스로의 몫으로 남겨두라고 말하고 싶다. 아이의 행동과 말을 판단하는 대신 이해하려 든다면, 혹은 좀 더 부지런히 생각한다면 내 아이만의 속사정이 들여다보일 것이다.

183

사랑받는 법을 알려줘야
사랑하는 법도 알아간다

내 동생, 가져가세요!

"도휘야 동생 준휘 좋아?"

"응 예뻐."

"그래도 난 도휘가 좋아."

"음~ 엄마랑 아빠랑 숲속에 갔는데 집 속에서 개구리가 나와서 깜짝 놀랬쪄."

"그래? 언제 숲속에 갔어?"

"깜깜할 때"

"그럼 개구리는 어떻게 됐어?"

"개굴개굴 하면서 도망갔어."

"그럼 준휘는 어딨었어?"

"집에."

상상 속 이야기를 해주는 걸 좋아하는 네 살 도휘는 이렇게 가끔씩 꿈인지 실제인지 모를 이야기를 들려준다. 때론 바다도 되고, 숲속도 되고, 먼 우주로 날아가기도 하지만 그래도 항상 빠지지 않는 인물은 엄마, 아빠다. 그런데 재미있는 건 1년 전 동생이 태어난 이후에도 도휘의 상상 속 이야기엔 동생이 없다는 것이다. 오직 엄마, 아빠, 도휘, 이렇게 세 식구만이 이야기에 등장한다.

"원담밈! 나도 어제 숲에 갔어요!"

가윤이도 들려줄 숲속 상상 이야기가 있나 보다.

"엄마랑 아빠랑 숲에 갔는데 삐약이가 나타나서 삐약아~ 이렇게 만져줄려고 했더니 삐약이가 날아갔어요!"

우리 가윤이도 도휘랑 같다. 엄마도, 아빠도, 심지어 새로운 친구 '삐약이'도 있는데 가윤이 동생은 쏙 빠져 있다.

요즘은 한 가정 한 아이인 집이 많은데, 어린이집을 찾는 엄마들을 보면 첫째를 낳고 키우다 둘째가 생겨 첫째아이를 어린이집으로 보내는 집도 많다. 이런 이유로 온 아이들 중에는 큰 탈 없이 잘 적응하는 경우도 있지만, 동생이 태어난 이후로 극도로 불안해하는 아이들도 있다. 때로는 눈을 깜박이거나 말을 더듬기도 하고 네 살이 지났는데도 갑자기 아기가 되어 쭈쭈병을 물고 오기도 한다. 또 시도 때도 없이 떼를 써서 엄마나 선생님을 당황시킬 때도 많다. 겉으로는 동생이 예쁘다고 말하지만 속으로는 동생의 존재를 아예 부인하거나 불편해하는데, 이런 것은 아이들의 상상 속 이야기처럼 대화를 하며

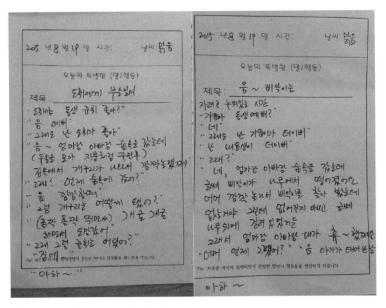

동생이 좋다고 하지만 속마음은 아니랍니다

깜빡하는 찰나 아이는 자란다

주의 깊게 살펴보면 금세 알아차릴 수 있다. 그런데 보통 육아에 지친 엄마들은 이런 사실을 놓치고는 아이에게서 '동생을 무척 아끼는 의젓한 언니오빠'라는 이미지만을 보려 한다.

이렇게 아이들을 둘 이상 키우다 보면 '제발 사이좋게 지냈으면' 하는 것이 엄마의 마음이다. 그래서 자신도 모르게, 혹은 의식적으로 첫째는 '동생을 돌보는 의젓한 아이', 동생은 '언니오빠 혹은 형 누나를 잘 따르는 아이'라고 역할을 미리 주려한다.

나 역시도 첫째, 둘째에 대한 막연한 역할 기대가 있었다. 사실 둘째를 임신했을 때는 뱃속 아이가 불쌍하단 생각까지 들었다. 한창 예쁨을 떨던 첫째를 보면서 이렇게 사랑스러운 첫째가 있는데 둘째는 안 예쁘면 어떡하나, 하는 기우에서였다. 그런데 이게 웬일. 둘째가 태어나고 나니 모든 식구들의 관심은 둘째에게로 몰리고 첫째는 순식간에 천덕꾸러기, '미운 세 살'이 되고 말았다. 그렇게 예쁜 짓을 하던 첫째가 한 달도 안 된 동생 입에 10원 짜리 동전을 세 개나 넣으려 하질 않나, 자는 아이 위에 이불을 뒤집어 씌워놓고선 그 위에 올라앉아 있는 등 지금 생각하면 가슴 철렁하게 할 일들을 많이 했다.

그러던 어느날 첫째가 눈두덩이가 발개져선 나에게 다가와 물었다.

"엄마, 나 이뻐?"

예쁜 건 둘째 치고, 발개진 아이 눈을 보니 걱정이 앞섰다.

"눈이 왜 그래?"

"엄마, 나도 눈 크게 하려고 이렇게, 이렇게 만들었어."

그러면서 손가락으로 눈꺼풀을 치켜 올리는 것이었다. 그러니 눈이 발개질 수밖에. 둘째는 진한 쌍꺼풀이 있어 보는 사람마다 예쁘다고 하니, 그 말이 부러웠던 것이다. 그 마음이 왠지 안타까워서, 첫째 눈도 예쁜 눈이라고 한참을 설명해주고 안아줬던 기억이 난다.

〈피터의 의자〉라는 동화에서도 동생이 생긴 아이의 질투심과 고민이 잘 드러나 있다. 피터의 부모님은 피터가 쓰던 파란색 의자와 침대를 분홍색으로 칠해 여동생의 것으로 만들었다. 또 여동생을 재우던 엄마가 피터에게 조용히 놀라며 야단치자 피터는 가출을 결심하고 만다. 하지만 마지막엔 자신의 침대도, 의자도 이미 커버린 자신이 쓰기엔 작다는 사실과 함께, 동생이 엄마아빠의 사랑을 나눠가질 대상이 아니라 자신도 함께 사랑해야 할 대상이라는 걸 깨닫게 되면서 해피엔딩을 맞는다.

'첫째의 날'로 아이의 욕구를 충족시켜주자

첫째아이의 욕구는 아주 단순하다. 엄마의 관심과 사랑을 다시 되찾고 싶은 마음뿐이다. 물론 엄마의 사랑은 변함없지만 아이가 느끼기엔 성에 차지 않는다. 그래서 내가 엄마들에게 권하는 방법이 있다. 바로 '첫째의 날'이다. 이날은 온전히 엄마, 아빠, 첫째가 함께하는 날이다. 대형마트에서 장보기를 해도 좋고, 놀이터에서 잠깐 놀아주는 것도 좋다. 그저 그 시간만큼은 오로지 첫째아이를 위한 시간이란 것을 충분히 인식시켜주면 된다. 그 하루의 데이트가 아이에겐 관심과 사랑을 느끼는 소중한 시간이 되고, 훗날 자라서도 그 기억을 간직하면서 마음의 혼란을 다스릴 수 있게 된다.

간혹 엄마들은 떼가 늘고, 동생을 괴롭히는 첫째를 보면서 '얘가 이런 면이 있었나?' 하면서 아이의 성격이나 인성에 대해 고민하는 경우가 있다. 하지만 그건 과한 생각이다. 아이는 아이답게 질투심을 표현하는 것뿐이다. 그러므로 아이의 불만을 해소시켜주기 위해서는 충분히 사랑받고 있음을 주기적으로 알려주는 것이 필요하다.

내가 가끔 '뿔난 첫째'들을 위해 쓰는 방법 역시 마찬가지다. 엄마가 그 아이를 얼마나 예뻐하고 있는지, 얼마나 많은 사람들이 아이를 사랑하는지를 꾸준히 이야기하고 사진으로도 보여주며 상처받은 마음을 어루만져준다. 이러한 사랑을 제대로 이해한 아이는 마치 대물림이라도 하듯 점점 동생에게 사랑과 애정을 베푸는 아이가 된다.

저마다의 히스토리로
자라는 아이들

모범생 첫째, 천방지축 둘째

한 배에서 나고 자라며 같은 부모, 같은 공간을 거친 아이들이라 할지라도 그 색깔은 정말 제각각이다. 내 두 아들만 봐도 그렇다. 이 제 둘 다 큰 총각이 되었지만 이 두 녀석을 키우는 동안 나는 천국 과 지옥을 오가는 마음이 들었을 정도로 두 아이의 다양한 색깔을 겪어왔다.

우선 내 첫째아들. 내 입으로 말하긴 참 그렇지만 첫째는 누구나

깜빡하는 찰나 아이는 자란다

흔히 말하는 '엄친아'다. 공부도 잘하고, 성격도 진중한, 그야말로 듬직한 맏이답다. 과학 특기생으로 일반고에 진학해서는 조기 졸업하고 포항공대 입학, 그리고 지금은 치의학전문대학원을 다니는 중이다. 제 갈 길, 지가 알아서 잘 닦으니 큰 걱정은 안 한다. 그렇지만 '엄친아' 첫째도 나름대로 내 걱정을 사게 했던 일이 몇 번 있었다.

워낙 하나에 빠지면 끝을 보는 성격이라 첫째가 또 무엇에 빠질까 신경이 쓰이곤 했다. 일곱 살 때는 〈삼국지〉에 빠져 책이며 게임이며 영화며 닥치는 대로 읽고 보고 하더니 결국은 유비처럼 되고 싶다는 꿈을 갖게 됐다.

〈삼국지〉에서 헤어 나올 쯤에는 〈스타크래프트〉 게임에 빠졌다. 주야장천 게임만 해대며 때로는 코피까지 쏟는 아이, 너무 걱정스러워 여느 엄마들처럼 게임 금지령까지 내려 봤지만 허사였다. 그래서 내가 먼저 포기하고 이 또한 푹~ 빠지게 놔뒀다.

간신히 스타크래프트에서 빠져나온 아이의 눈을 사로잡은 건 '펜 돌리기'다. 5학년 아이가 전철을 두 번씩이나 갈아타고 강남에서 열리는 '펜 돌리기 동호회'에도 참석했다. 심지어 그 동호회의 카페 메인에 아들 녀석의 펜 돌리기 영상이 올라간 적도 있었다. 대학 면접시험 때, 면접관의 '뭘 잘하냐?'는 질문에 펜 돌리기 시범을 보였다면 믿을 사람이 몇이나 있을까? 하지만 이조차도 말리지 않았다. 어차피 자신이 끝장을 보고 헤어나올 때까지는 그 누구도 말릴 수 없다

191

는 것을 알기 때문이다.

첫째의 블랙홀 성격은 세 살 때부터 나타났다. 당시 몬테소리에서 나온 '통통이 영어방'이라는 학습교재에 포함된 비디오테이프를 틀어줬다. 하도 틀어달라고 조르는 통에 어쩔 수 없기도 했고, 공부라도 되지 않을까 싶었기에 아이가 원하는 대로 틀어줬다. 그랬더니 그 테이프만 틀면 꼼짝도 않고 TV화면에 빨려들어갈 듯이 집중해 있곤 했다. 그리고 얼마나 지났을까. 엄마 아빠가 맥주를 마시는데 맥주병을 보고 '에이치, 아이, 티, 이(HITE)' 하고 또박또박 읽어내서 깜짝 놀랐다. 그뿐만 아니었다. 한창 기어다니던 동생이 현관 앞으로 기어가 신발을 입에 갖다 대려 하자, 이 세 살 형이 "돈두뎃! 돈두뎃!" 하는 것이었다. 알고 보니 영어로 'Don't do that'이라고 한 것이었다.

이런 경험 때문이었을까, 큰애가 게임이며 펜 돌리기며 별별 취미에 다 빠져도 나는 우선은 지켜보는 입장을 취했다. 제 자신이 질릴 때까지 하다 보면 그게 본인에겐 유용한 배움이 되리란 믿음에서였다. 본인이 목표를 가지고 돌진하는 스타일이라 공부 역시 직접적으로 관여하기보다는 옆에서 지켜보기만 했다.

그렇다면 둘째는 어떨까? 어쩌면 두 아들이 이리도 다른지. 형이 알아서 한글을 떼었다면, 둘째는 초등학교에 들어가고도 6개월이 지나서야 겨우 한글을 떼었다. 공부하기 싫어하는 둘째에게, "너 글 몰

깜빡하는 찰나 아이는 자란다

라서 어떡해, 알림장도 못 읽잖아."라고 말하면 녀석은 "괜찮아요, 친구들이 다 읽어줘요."라고 천연덕스럽게 대꾸했다.

둘째는 무얼 하든 쉽게 질려 했다. 둘이 함께 피아노학원을 보내 놓으면 제 형은 피아노에 빠져 손가락으로 무엇이든 두드리기 바쁠 때, 둘째는 학원 가기 싫다며 매일 징징댔다. 그러다 태권도를 배우고 싶다기에 또 두 형제를 함께 보냈더니 형은 품새를 익힌다며 매일 집에서도 거울을 보며 폼을 잡는데, 둘째는 어느새 관심이 사라졌다. 그래서 둘째가 어렸을 때는 도통 갈피를 잡지 못했다. 무엇을 시키든 안 한다고 떼를 쓰기 바쁘니 좋아하는 게 뭔지, 뭐에 재능이 있는지 알 수가 없었던 것이다.

그랬던 둘째가 그나마 조금씩 흥미를 보이기 시작한 것은 운동이었다. 특히 야구를 좋아해서 야구를 시켜볼까 생각도 했지만, 다른 운동선수들 엄마처럼 아이를 지원하기에는 시간도, 의지도 부족했다.

그랬던 둘째는 지금 스포츠과학을 전공하다 군 생활을 하고 있는 중이다. 잔병치레도 많고, 막내 아니랄까봐 떼도 많이 쓰면서 엄마 속을 썩이던 녀석이 지금은 누구보다 사람 좋아하고 어른들한테 넙죽넙죽 인사도 잘하는 서글서글한 청년이 되었다.

지금 생각하면 둘째의 재능은 제 형처럼 공부나 취미도 아닌, '사람과 친해지기'였던 것 같다. 어떤 단체, 어떤 환경에서든 친구도 잘

사귀고 사람을 잘 대하는 둘째를 보며 어렸을 때 아이를 키우며 느꼈던 고민은 온데간데없어졌다. 무인도에 떨어뜨려놔도 잘 살아갈 녀석이기 때문이다.

아이들이 저마다 쌓아갈 히스토리들

어린이집에서 갓 세 살, 네 살, 다섯 살, 여섯 살이 된 어린아이들을 보며 나는 상상하곤 한다. '저 아이들은 또 어떤 히스토리로 자라날까', '어떤 색깔을 지닐까' 하면서 말이다.

어른이 되고나면 참 조바심이 많아진다. 아이가 조금만 이상하게 구는 것 같으면 걱정부터 앞세운다. 하지만 아이들의 성장에는 일종의 사인(sign)이 숨어 있다. 그 사인들이 합쳐지면 성인이 되어 걸어갈 길과 그 길에서 버텨낼 제각각의 에너지가 생성된다. 너무나 자연스러운 과정이기에 어른들이 해줄 것은 그저 바라보고 응원해주며 올바르게 성장하길 기도해주는 것뿐이다. 어차피 저마다의 히스토리를 쌓아갈 것이기에 그 히스토리가 무너지지 않게 잘 지켜봐주는 것이 어른의 몫이다.

깜빡하는 찰나 아이는 자란다

저마다의 히스토리로 자라는 아이들

관찰일기, 훈육&수정 육아에 활용해보세요!

관찰일기에는 기쁘고 행복했던 순간만 담는 것이 아닙니다. 아이의 감정변화에서부터 문제행동까지 다양한 순간들을 사실 그대로 기록하는 것이 우선입니다. 아이가 친구를 때리거나 동생을 괴롭힐 때, 떼를 쓰거나 거짓말을 할 때, 평소와 달리 말과 행동의 변화를 보일 때 등 육아에 있어 해결책이 필요한 순간에 관찰일기를 활용해보세요.

형사의 수사일지처럼, 과학자의 연구노트처럼, 심리학자의 임상일지처럼 엄마의 관찰일기는 좋은 육아수단이 된답니다.

아이에게 문제행동이 발생했다면?

1) 문제행동 파악하기

육하원칙에 맞게 행동 기록하기('왜'의 항목은 비워두기)

2) 정보 수집하기

주변 사람들에게서 상황 파악하기(친구들, 선생님, 할머니 등)

3) 성장 데이터베이스 찾기

과거에도 비슷한 사례가 있었는지 지난 관찰일기에서 찾기

4) 해법 찾기

주변 육아서포터들과 수집한 정보와 데이터베이스를 공유하고 함께 논의하기(단, 확대해석하거나 미리 결론을 내리지 말고 다양한 통로와 방법으로 해법을 찾아보세요.)

5) 아이와 함께하기

4번까지의 내용을 토대로 아이와 대화하며 아이의 마음 읽기

(단, 직접 개입하거나 제지하기보다 엄마가 지지해줄 수 있는 부분을 찾아보세요.)

문제행동 관찰일기 활용 사례

• 사례 - 4살 여아. 거친 말과 행동을 보임 • 관찰자 - 어린이집 담임선생님	
문제행동 파악하기	누가 : 4살 여아 지은이(가명), 어린이집 등원 ○개월 차 언제 : 놀이시간 어디서 : 어린이집 어떻게 : 친구에게 화를 냄 무엇을 : "입 닥치지 못해!"라고 소리 지른 후 선생님을 바라보 　　　　며 억지 울음을 보임 왜 : (※기록하지 않아도 무관)
정보 수집하기	선생님에게서 문제행동 상황을 듣고, 수업 중에는 어땠는지 물어봄 → 수업 중에도 가끔 그런 일이 있었고, 그럴 때마다 선생님이 아이 마음을 읽어주며 안아주고 관심을 보여줌 → 이후 아이가 친구들과 노는 모습을 다시 지켜보기로 함 → 놀이에서 주도권을 잡으려 하고 친구들도 자신의 말에 관심을 가지고 따라주기를 원하는 상황이 자주 목격됨 → 상황마다 친구 핑계를 댐
성장 DB 찾기	아이의 지난 관찰일기를 다시 꺼내보면서 이전에도 거친 말을 하며 운 사례를 몇 가지 발견 → 엄마와 전화통화로 파악한 결과, 엄마가 아이에게 가끔 거친 말을 한다는 사실을 발견
해법 찾기	어린이집과 가정에서의 대처방안을 함께 논의함 → 어린이집에서는 같은 상황(거친 말 + 울음)이 발생했을 때 대응하지 않고, 대신 아이가 친구에게 상냥하게 대하거나 기분 좋은 말을 하면 선생님이 안아주고 좀 더 관심을 갖기로 함 → 가정에서는 엄마가 아이의 거친 말에 대한 훈육법을 어린이집과 공유하고 같은 방법으로 대처해주길 당부함
아이와 함께하기	아이에게는 문제행동이 발생하지 않더라도 평소 좀 더 많은 칭찬과 관심을 보이며 집중관찰하기로 함 → 거친 말을 했을 때 안 좋은 점을 아이와 대화를 통해 인식시킴
한 가지 더 생각하기 "왜 그랬을까?"	아이는 사람들에게 관심을 받고 싶어 하는 욕구가 컸던 것 (문제행동 파악 시 비워뒀던 "왜"의 항목은 가장 마지막에 채워보도록 하세요.)

깜빡하는 찰나 아이는 자란다

내 아이를 제대로 보기 위한 주의사항

- 아이의 선택을 인정해주세요! (편견/선입견 금지)

- 아이를 그대로 받아들이세요! (비교 금지)

- 아이를 느긋하게 바라보세요! (조급함 금지)

- 아이를 지켜보며 반응해주세요! (개입 금지)

- 아이를 반복해 바라보세요! (일회성 금지)

▶ 훈육&수정 활용하기

• 관찰자 - ( )	
문제행동 파악하기	누가, 언제, 어디서, 무엇을, 어떻게
정보 수집하기	주변 사람들에게서 상황 파악하기(친구들, 선생님, 할머니 등)
성장 DB 찾기	과거에도 비슷한 사례가 있었는지 지난 관찰일기에서 찾기
해법 찾기	주변 육아서포터들과 수집한 정보와 DB를 공유하고 함께 논의하기(단, 확대해석하거나 미리 결론을 내리지 말고 다양한 통로와 방법으로 해법을 찾아보세요.)
아이와 함께하기	4번까지의 내용을 토대로 아이와 대화하며 아이의 마음 읽기(단, 직접 개입하거나 제지하기보다 엄마가 서포트해 줄 수 있는 부분을 찾아보세요.)
한 가지 더 생각하기 "왜 그랬을까?"	

PART 5

한 아이를 키우려면
온 마을이 필요하다

내가 누누이 강조하는 것은 '육아의 주체는 어른이 아니다'라는 점이다. 육아는 엄마나 아빠나 할머니나 할아버지나 모두에게 힘든 일이다. 다만 이 힘듦이 누구를 위한 것일까를 생각하면 육아로 인해 발생하는 갈등을 대하는 태도가 달라질 수 있다. 육아의 주체는 어른이 아닌 아이다. 육아는 아이를 위함이다. 아이가 잘 크고, 올바르게 성장할 수 있도록 물을 주고, 햇볕을 보여주며, 자양분을 끊임없이 주는 것이 어른들의 몫이다.

관찰 =
아이의 숨은그림 찾기

우리 태윤이가 달라졌어요!

한없이 평온할 것만 같은 어린이집이지만 실상은 전혀 그렇지 않다. 하루에도 몇 번씩 아이들의 울음이 터지고, 크고 작은 사건들이 끊이지 않아 아이들에게서 눈을 떼려야 뗄 수가 없다. 간혹 몇몇 어린이집에서 일어난 불미스러운 일들이 뉴스거리가 되기도 하는데, 대다수 어린이집에서는 아이들의 일거수일투족을 주시하면서 행여나 일어날 일에 대비하며 아이들을 보살핀다.

그럼에도 한창 자라나는 아이들이라 작은 트러블은 늘 있기 마련이다. 특히 시기별로 어린이집을 떠들썩하게 하는 주동자들이 있곤 한데, 여섯 살 태윤이는 1년 전까지만 해도 우리 어린이집의 말썽쟁이로 악명(?)이 높았다. 덩치도 크고, 덩치만큼 힘도 세고, 밥도 잘 먹는 튼튼한 태윤이. 누군가의 울음소리가 터진다 싶으면 아니나 다를까, 태윤이가 원인이곤 했다.

"원당님! 태윤이가 때려써…… 어엉 엉엉! 아앙~"

"태윤이 미워, 태윤이 혼내주세요!"

태윤이의 거친 행동 때문에 민원은 끊이지 않았다. 친구들과 이야기하다가도 자기 말을 막으면 때리고, 밥을 먹다가도 마음에 안 드는 애가 옆에 있으면 밀어서 도시락을 엎어버리고, 잘 놀고 있다가도 자신의 마음에 들지 않으면 모래를 던지고, 공놀이를 하다가도 상대편 아이를 발로 차 버리고……. 이렇게 거친 행동으로 의사를 표현하다 보니 아이들은 태윤이와 놀기를 꺼려했다. 선생님이 제지해도 잠시 조용할 뿐, 며칠 후면 또다시 비슷한 상황이 발생하곤 했다.

그러던 어느 날 태윤이 엄마가 다급하게 어린이집으로 뛰어들어 왔다. 퇴근 후 어린이집에서 태윤이를 데리고 함께 집에 가는 도중, 동네 놀이터에 들렀다가 태윤이가 노는 모습을 보고 놀란 마음에 달려온 것이다. 놀이터에는 동네 형들도 있었고, 어린이집 친구들과 동생들도 있었는데, 태윤이는 아이들과 어울리지 못하고 왕따를 당하는 것처럼 보였다고 했다. 대체 무슨 이유일까 지켜보니 놀이를 하는 중에 아이들에게 장난감을 던지거나 모래를 뿌리는 등 말썽을 부려 아이들이 태윤이를 꺼려했던 것. 아이의 그런 모습과 맞닥뜨린 부모의 당혹감은 이루 말할 수 없을 것이다.

그렇지만 아이의 문제행동을 발견했을 때 섣부른 판단은 금물이다. 결과만으로 판단하면 아이의 속사정을 알기 어렵다. 태윤이의 행동을 단지 '거친 행동'이라는 말로 규정지을 수는 없다. 다섯 살 아이의 말과 행동에는 주변 사람들은 쉽게 이해하지 못할 아이만의 사정이 있기 때문이다. 이럴 때는 태윤이 주변의 상황을 체크하고 태윤이를 옆에서 돌보고 있는 사람들로부터 정보를 수집하는 것이 필요하다.

난 먼저 내 기억부터 더듬어보았다. 내가 놓친 게 있는 건 아닐까 싶어서였다. 태윤이가 처음 우리 어린이집을 찾은 건 네 살 때 엄마 아빠와 함께 입학 전 상담을 위해서였다. 초등학교 교사인 엄마, 회사원인 아빠와 상담하는 동안 태윤이는 꽤나 부산스러워보였다. 가만 앉아있질 않고 원장실 안을 헤집고 다니다가 급기야는 내 책장 속에서 책을 마구 꺼내는 등 산만한 행동을 보였다. 그럴 때마다 상담이 끊겼기 때문에 아빠가 태윤이 팔을 붙잡고선 "태윤아, 그만!" 하며 막았지만 태윤이는 산만한 행동을 그만두지 않았다.

또 하나 기억에 남는 건, 태윤이는 질문도 많고 아는 것도 많아 표현하길 좋아하는 아이였다는 것이다.

"이 책은 뭐예요? 나 이거 봤어요. 이건 상어예요, 상어!"

이렇게 내가 기억을 더듬어가며 파악한 태윤이는 책을 좋아하고, 언어가 발달해 있으며, 자기주장이 강하고, 호기심이 많은 아이였다. 태윤이는 첫날 상담을 마치고 집에 갈 때 관심 있는 책을 빌려달라고 요청도 할 줄 아는 멋진 아이였다.

하지만 잦은 트러블이 발생하고, 태윤이 엄마까지 고민을 토로하니 나는 심각해지지 않을 수가 없었다.

"어머니, 태윤이가 예전엔 어땠었나요? 다른 어린이집에서요."

그제야 사실을 토로하길, 예전에도 태윤이의 행동이 문제가 됐다고 한다. 거칠게 말하고 행동해서 아이들과 트러블이 많았던 것. 하지만 이사와 함께 새로운 어린이집에 보내면서 태윤이 엄마는 그런 사실을 어린이집에 알려주지 않았다. 걱정은 했지만 점차 나아지겠지 생각했던 것이다.

엄마로부터 정보를 수집한 다음에는 담임선생님에게 관찰의 강도를 높이길 당부했다. 태윤이가 아이들을 어떤 상황에서 때리는지, 몇 대를 어떻게 때리는지, 일주일에 이런 일이 몇 번이나 일어나는지 상세하게 기록하라고 요청했다.

그렇게 관찰한 태윤이의 행동에서 몇 가지 중요한 사실은 알아냈다. 그중 두 가지 정도가 두드러졌다. 태윤이는 첫째, 간섭이나 제어를 받을 때. 둘째, 규칙을 강요받을 때 거친 행동으로 반응한다는 것.

예를 들어 친구가 자신의 도시락 뚜껑을 대신 열었다거나, 혹은 자신이 별로 좋아하지 않는 미술 시간에 친구가 빨리 그려보라 재촉했을 때 민감하게 반응했다.

태윤이는 한마디로 어떤 욕구불만이 있었고, 상황을 받아들이는 데 다른 아이보다 예민한 아이였다. 여기에 언어능력이 발달하여 어른이 하는 말이나 TV, 혹은 책에서 배운 언어들에 재빨리 반응하고 습득하는 편이었다. 그래서 TV의 폭력적인 장면이나 길에서 중학생 형이 침을 뱉는 것을 본 날이면 그대로 친구들에게 하곤 했던 것이다. 거칠지만 어떻게 보면 영민한 아이였던 것.

난 먼저 태윤이 엄마에게 아기였던 태윤이를 안고 있거나 뽀뽀하는 등의 애정을 표현하는 사진을 보내달라고 했다. 태윤이에게 그 사진을 보여주면서 설명해줬다.

"태윤아, 선생님이 깜짝 선물을 줄까? 짜잔~ 이것 좀 봐."

아무 말 없이 한참을 바라보던 태윤이.

"이거 어디서 났어요? 이거 난데?"

"엄마가 태윤이를 너무 사랑하시는 것 같아서 선생님이 보내달라고 했지."

그러자 금세 기분이 좋아진 태윤이는 마치 그 시절이 기억나는 것 마냥 이야기를 지어냈다.

"내가 이때 막 우니까 엄마가 꼭 안아줬어요!"

"그래, 태윤이는 엄마가 이렇게 꼭 안아줄 만큼 사랑스러운 아이지? 그러니까 태윤이도 친구들을 꼭 안아주면서 사랑해줄래?"

처음에는 사진에 빠져 내 말을 흘려듣는 것 같았지만 하루이틀, 이런 시간이 반복되니 태윤이도 조금씩 바뀌기 시작했다. 담임선생님도 태윤이를 꼭 안아주면서 "태윤인 사랑스러운 아이지?"라고 되뇌어주길 반복했다.

"원장님이 태윤이 가슴에 사랑을 넣어 줄 테니 친구들한테 전해줘 ~ 수리수리마수리~ 얍!"

다른 사람들의 말과 행동에 빨리 반응하는 아이다 보니 긍정적인 기운도 잘 전해지는 듯했다. 그러자 친구들과의 트러블도 눈에 띄게 적어졌고, 자기가 좋아하는 책을 꺼내어 친구들에게 읽어주는 '독서타임'도 생겨났다. 점차 자신이 사랑받는 아이임을, 그리고 그 사랑을 남에게도 줘야함을 인식하면서 과격한 행동이 눈에 띄게 줄어들었다.

성장의 마디, 숨은그림 찾기

아이의 성장 과정에서 일어나는 일들은 그 아이가 가진 성장의 마디에 맞게 해결하는 것이 중요하다. 아이의 성장을 지켜본다는 것은 마치 숨은그림 찾기와 같다. 아이의 숨은그림 찾기는 한 번에 끝나는 게 아니다. 찾아야 할 숨은그림들이 자꾸 생겨나기 때문에 항상 관심을 기울여야 한다. 또한 숨은그림을 찾을 때마다 아이를 어떻게 이끌어야 할지, 숨은그림들을 어떻게 해석해야 할지 고민해야 한다.

어린이집에서 이런 숨은그림 찾기는 매일 해야 하는 일이기도 하다. 아이들의 웃음과 울음, 그리고 말과 표정과 행동 속에 숨어 있는 그림들이 아이를 이해하고 성장을 돕는 데 중요한 지표가 되기 때문이다.

이런 과정에서 가장 중요한 건, 아이와 관련된 사람들로부터 다양한 정보를 수집하고 조합하는 것이다. 엄마의 판단, 선생님의 판단만으로 아이의 숨은그림을 찾는 것은 힘들다. 이런 판단은 사실을 있는 그대로 관찰해서 나온 듯하지만 그 시선 안에는 또 다른 편견이 숨어 있을 수도 있고, 보고 있지만 믿고 싶지 않아 외면하는 경우도 있기 때문이다. 따라서 아이의 주변 사람들이 각자의 시선과 각자의 상황에 맞게 관찰한 것이 합해져야 비로소 아이의 성장 과정 속에 숨어 있는 그림을 찾을 수 있다고 생각한다. 그래서 난 되도록 엄마도, 아이를 돌보는 할머니나 가족들도, 그리고 어린이집의 선생님들도 짧게나마 관찰일기를 써보라고 권유한다. 그러한 관찰의 기록들이 모아져서 아이의 성장그림을 완성할 수 있기 때문이다.

아이를 낳은 부모만이 육아에 대한 책임이 있는 것은 아니다. 아이와 관계를 맺고 있는 모든 어른들이 육아에 동참해야 한다. 가족들, 친척들을 비롯해 어린이집과 학교의 교사 모두 아이의 성장을 위해 '관찰자' 역할을 해야 한다. 서로의 책임과 역할을 이해하고, 각자의 눈으로 바라보고 느낀 것을 공유하는 것이 아이의 성장에 얼마나 큰 도움이 되는지를 깨달아야 한다.

엄마는 모르고
아이는 아는 육아소통

귤 여덟 개와 아홉 개의 차이

"원장님, 혹시 자람반에 자리 하나 비진 않나요?"

주말 늦은 밤, 한 엄마가 전화를 걸어왔다. 네살반의 학부모였다. 이미 입학 시즌이 한참 지난 때였다. 대체 무슨 일이기에 다짜고짜 자리 하나를 찾는 걸까? 자초지종을 물으니 할머니가 8개월짜리 둘째를 맡아오셨는데 할아버지가 입원을 하셔서 간호를 해야 하는 바람에 며칠 간 아이를 맡길 데가 없다는 것이었다. 워킹맘이라 급한 마음이 이해가 갔다.

"그냥 제가 봐드릴게요. 첫째 보내실 때 같이 데려오세요."

그리고 한 일주일가량을 원장실에서 둘째아이를 돌봤다. 사실 어린이집 아이들을 돌보는 것만으로도 두 눈과 두 손, 두 발이 바쁘지만 딱한 사정을 모른 채 할 수 없었다.

8개월 연령이다 보니 기저귀도 갈아주고, 안아도 주고, 재워도 주고, 이유식도 먹여가며 돌봐야 했다. 뭔가를 바라고 한 일은 아니지만 문제는 그 다음이었다. 할머니가 돌아오신 후 둘째를 더 이상 내가 맡지 않아도 되었지만 그 엄마는 감감무소식이었다. 한 일주일이 지났을까, 네 살 첫째가 등원을 하면서 감 대여섯 개가 담긴 비닐봉지를 나에게 건넸다.

"엄마가 가따주래요."

일주일간 육아에 대한 값어치가 감 대여섯 개로 정해지는 순간, 난 안타까운 마음이 앞섰다. 그 어떤 대가를 바란 것이 아니라 진심을 담은 말 한마디를 원했을 뿐인데, 그저 씁쓸할 따름이었다.

어쩌다 한두 번 일어나는 일이기는 하지만, 가끔 엄마들을 보면 하나는 알고 둘은 모르는 경우가 있다. 워낙 정보가 넘치는 세상이라 육아이론에 대해 빠삭한 엄마들이 많다. 하지만 정작 실전에서는 그 이론을 써먹을 기회가 드물다. 아니 써먹으려 해도 아이마다 개성도, 성장 속도도 달라 그대로 적용하긴 힘들다. 이럴 때 가장 중요한 건

깜빡하는 찰나, 아이는 자란다

주변 사람들의 도움이다. 육아는 전적으로 엄마의 책임도, 엄마만의 몫도 아니다. 육아를 분담하는 가족들과 육아기관 등 다양한 층위의 사람들이 정보를 공유하고 소통하는 것이 중요하다. 아이 한 명을 키우기 위해 얼마나 많은 사람들이 그 아이를 주시하고 보살피는지, 엄마들이 가끔 이 사실을 잊을 때가 있다.

언젠가 한 엄마가 나에게 고민을 토로해 왔다.

"우리 애는 나눌 줄 몰라요."

아이가 놀이터에 놀러나갈 때 간식으로 과자를 좀 챙겨줬더니 친구들과 나눌 생각은 않고 혼자 몇 개를 집어먹고선 남은 과자를 들고 집으로 돌아왔다고 한다. 엄마 입장에선 아이가 친구들과 나눌 줄 모르는 모습을 보고, 인성교육이 필요하다고 생각한 모양이었다.

"인성을 교육할 책이나 영상 같은 게 없을까요?"

육아를 '글'로 가르치려는 이런 엄마들을 볼 때마다 그저 안타까울 따름이다. 항상 답은 내 자신 그리고 내 주변에 있다. 나누지 못하는 아이는 나누는 방법을 모르는 환경에서 자랐을 가능성이 크다. 제아무리 책이나 인터넷, 동영상 등을 통해 육아법을 습득해도 정작 자기자신의 상황에 적용하지 못한다면 아무 소용이 없다. 좋은 약도 내게 맞아야만 그 효과가 있는 법이다. 특히 육아는 엄마를 비롯해 아이를 둘러싼 여러 어른들의 경험과 증언을 토대로 아이의 성장에 도움이 되는 방법을 찾아야 한다.

어린이집에서는 크고 작은 행사들이 많다. 정기적으로 가는 소풍이나 야외학습, 그리고 아이들의 생일잔치 등이 매달 열리곤 한다.

행사를 치르다 보면 엄마마다 특징이 드러난다. 간식 하나를 가져와도 어린이집의 모든 사람이 다 먹고도 남을 만큼 준비하는 손 큰 엄마도 있고, 딱 자기 아이가 먹을 만큼만 준비하는 실속파도 있다. 그런데 이중에서 간혹 애매하게 나눔과 실속의 중도를 걷는 엄마들이 있다. 예를 들어 생일이라 반 아이들에게 귤을 선물로 나눠준다고 할 때, 반 아이 수가 8명이라면 딱 그 숫자만큼 귤을 준비해 보내는 것이다. 물론 선생님 몫까진 기대하긴 힘들다. 하지만 선생님의 육아 분담을 전혀 의식하지 못하거나, 진정한 '나눔'과 '감사'의 의미를 모른다는 생각이 드는 건 어쩔 수 없다.

하필, 앞서 말한 엄마의 경우가 그랬다. 항상 선생님을 숫자에 넣지 않았고, 반 아이들 수만큼 챙기는 것도 드문 인색한 엄마였다. 그저 아이의 귤이나 간식 챙기는 것을 습관처럼 할 뿐, 아이가 나눔을 배우고, 선생님께 감사를 표할 수 있는 기회를 놓치고 있었던 것이다.

내가 초등학생일 때의 우리 부모님은 가진 것이 없는, 딱 그 시대의 전형적인 부모님이셨다. 자식들과 같이 하는 시간보다는 밖에서 보내는 시간이 더 많은 그런 부모님이셨다. 그래서일까. 부모님은 항상 우리에게 당부하셨다.

"선생님 말 잘 들어야 한다. 다 너희 잘 되라고 가르치시는 거야."

그때는 학교 선생님의 가정방문이 1년에 한 번 정도 있었던 시절이었다. 아버지는 귀하디 귀한 사이다 한 병을 전날 사서 찬장에 보관하셨다. 그리고 선생님이 가정방문을 마치고 돌아가실 때 내 새끼 잘 돌봐줘서 고맙다는 마음을 사이다에 담아 선생님 가방에 넣어주셨다. 선생님은 배웅 차 동구 밖까지 따라 나간 나에게 말없이 사이다를 건네고 어서 들어가라고 손짓하셨다. 아이를 아끼는 마음이 돌고 돌아 다시 아이에게로 전해지던 그런 시절이었던 것이다.

내 아이를 둘러싼 사람들, 내 아이를 향한 사랑들

케케묵은 옛날이야기로 요즘 세태를 따지자는 건 아니다. 다만 요즘의 젊고 똑똑한 엄마들이 하나는 알고 둘은 모르는 부분이 있다는 것을 꼭 알았으면 한다.

육아는 엄마만의 몫이 아니다. 육아는 '아이를 사랑하는 어른들'의 몫이다. 그 안에는 어린이집 선생님도 있을 것이요, 시간을 쪼개어 도움을 주는 육아도우미 분들, 할머니 할아버지 그리고 나처럼 '평생엄마'를 자처하는 오지랖 넓은 사람도 있을 것이다. 그 무엇보다 가치 있는 육아 정보는 바로 이들의 경험과 사랑에서 나온다는 걸 잊지 말았으면 좋겠다.

아프리카 속담에 "한 아이를 키우려면 온 마을이 필요하다."란 말이 있다. 지금 내 눈앞에 있는 소중한 아이를 키우기 위해 얼마나 많은 사람이 함께하는 가를 깨닫고 가끔은, 아주 가끔은 서로의 노고를 치하하며 힘을 북돋아준다면 얼마나 좋을까.

깜빡하는 찰나, 아이는 자란다

아이의 하루를 보면,
집안이 보인다

다섯살 최연소 화장실 청소왕

아이들이 모두 하원한 후, 네살반 선생님이 낮에 있었던 일을 들려줬다.

선생님은 낮잠 시간 전 이불을 깔고 잘 준비를 하는 동안, 솔지에게 '쉬하고' 오라고 시켰다. 그런데 한참이 지나도 화장실에선 감감무소식. 선생님은 솔지의 단짝인 규빈이를 불렀다.

"규빈아, 솔지 뭐하나 보고 와봐~"

하지만, 이게 웬일? 솔지를 데리러 간 규빈이도 무소식.

217

요녀석들이 물장난이라도 치는 건 아닐까 싶어 선생님이 출동했다.

녀석들은 선생님이 다가오는 낌새를 알아챘는지 얼른 문을 열고 나왔다.

"솔지, 화장실에서 뭐했어?"

"음, 화장실이 지지분(지저분)해서 청소했어."

그러자 옆에 있던 규빈이가 얼른 증언을 했다.

"선생님, 솔지~ 변기에 이렇게, 이렇게 손 넣고 했어요."

글쎄 청소를 한다면서 솔지가 변기에 손을 넣고 변기 물을 휘휘 내젓고 있었던 것이다. 이를 목격한 규빈이가 솔지를 말리고 말리다 포기할 때쯤 화장실로 온 선생님을 발견을 한 것이다.

"솔지야, 앞으로 어린이집 화장실 청소는 너에게 맡길게. 그리고 청소하는 솔이랑 고무장갑도 사줄 테니까 청소는 그때 많이 해주라, 알았지?"

솔지는 화장실 대장이라도 된 듯 무척이나 뿌듯한 표정이었다. 지저분한 변기에 직접 손까지 넣어 청소를 하겠다고 앞장선 솔지. 그 고귀한(?) 희생정신에 상이라도 줘야 할까. 다음날, 솔지에게 다가가 물어봤다.

"솔지야, 화장실 청소가 재미있어?"

"응, 재미있어요. 울 할미도 이렇게 해요."

평소 일하는 엄마 대신 솔지를 돌봐주는 외할머니가 화장실 청소를 하시는 모습을 주의깊게 봤던 모양이다. 항상 아침 일찍 솔지의 머리를 깔끔히 땋거나 묶고, 하얀 리본양말까지 챙겨 입혀 등원시키시는 할머니의 모습을 떠올려보니 솔지의 행동이 이해가 갔다. 솔지는 할머니가 깔끔하게 청소하시던 모습이 기억에 남았나 보다.

가끔은 이렇게 스쳐지나갈 일일 수도 있지만, 아이들의 사소한 행동 하나로 그 아이 집이 한눈에 들여다보일 때도 많다. 아이들이 하는 말과 행동, 그리고 작은 표정 하나하나에 집에서의 생활모습이 고스란히 담겨 있다.

점심식사 후 키 크고 애교스러운 네 살 창운이가 친구들과 소꿉놀이에 집중하더니 네모난 주사위 모양의 커다란 블록을 어깨에 메고선 초인종 소리를 낸다.

"딩동~딩동~ 택배 왔어요!"

다른 아이들은 그 모습이 재미있다며 깔깔대는데 갑자기 창운이가 블록을 내려놓더니 함께 웃던 준희에게 짜증을 낸다.

"왜 문 안 열어 줘~ 문 열고 고맙습니다! 해줘야지~"

소꿉놀이에서의 엄마 역할을 맡고 있던 준희가 택배아저씨인 자신을 안 반겨주고 친구들이랑 구경만 하고 있으니 답답했나 보다. 아무튼 요즘은 아이들 놀이나 대화에 '택배아저씨'의 인기가 최고다.

택배 왔어요

고운반의 재우가 바깥놀이를 하려 나가려다 친구들에게 자랑을 한다.

"나 이 신발, 엄마가 사줬어."

이에 질세라 시현이는 한술 더 뜬다.

"나도 엄마가 사줬어, 난 엄마가 또 사준대!"

이때, 우리 느림보 준성이. 여느 때처럼 느릿느릿 신발을 신다가 한마디 한다.

"내 신발은 택배아저씨가 가져다줬어."

준성이 승. 맞는 말이다. 사준 건 엄마일지 모르나 집에까지 가져다준 분은 택배아저씨니 말이다.

"난 이모랑 백화점 가서 돈까스 먹고 샀는데……."

조용히 듣고만 있던 다림이가 슬쩍 말을 얹는다.

아마도 신발보다는 '이모랑 백화점에서 돈까스 먹은 기억'을 자랑하고 싶었나 보다. 그러자 아이들이 너도나도 끼어든다.

"나도! 나도 접때 어…… 접때…… 엄마, 아니 아빠도 먹었어!"

준영이가 다시 합세하니, 고운반 전체가 조잘조잘 신발에, 돈까스에, 가족들과의 추억 이야기가 끝이 없다.

한참을 엿듣다 보니 슬며시 웃음이 나온다. 우리 어린이집의 환영 문구처럼 '아이도 나도 함께 즐거운 육아공동체', 아니 '아이도 가족도 함께 즐거운 곳'이라는 생각이 든다.

아이의 하루를 눈여겨보자

아이가 얼마나 사랑받고 자라는지, 집에서 혹은 어린이집에서 어떤 문제는 없는지, 친구들이랑은 잘 지내는지, 어른들에게서 어떤 영향을 받고 있는지, 인성과 감성 등에서 성장에 걸림돌이 되는 것은 없는지, 이 모든 것을 체크할 수 있는 리스트는 없다.

아이의 현재 상황을 가장 잘 알 수 있는 방법은 바로 그 아이의 '하

2D1

루'를 관찰해보는 것이다. 아이가 툭툭 내뱉는 말, 무심코 지은 표정이나 행동을 통해 아이의 상태를 유추할 수 있다. 이처럼 관찰은 아이를 들여다보는 돋보기라 할 수 있다. 주의깊게 지켜보다 보면 어른들이 꼭 알아야 할 정보와 아이의 성장 과정 속에서 반짝이는 순간을 캐치할 수 있을 것이다.

깜빡하는 찰나, 아이는 자란다

육아는
엄마만의 몫이 아니다

좋은 아빠를 만드는 방법

"원장님, 진짜 말썽피우는 애보다 아빠 때문에 더 속상해요!"

지우 엄마가 지우 아빠와 말다툼을 했나 보다. 등원한 지우를 앞세우고 와선 나를 보자마자 친정엄마 대하듯 속상함을 털어놓는다.

"지우가 자꾸 편식을 해서 그러면 저녁을 먹지 말라고 했는데……."

또 서러움이 밀려오는지 말끝을 흐리는 것이, 미리 휴지부터 내밀어 놓는다. 눈물 찔끔. 가뜩이나 애 키우는 것도 힘든데 도와주기는 커녕 남편이 방해만 되니 서러웠나 보다.

입맛이 까다로운 지우가 자꾸 밥투정을 하니 엄마는 초강경 대응책으로 한 끼를 굶기려 했고, 그걸 본 지우 아빠가 지우 엄마에게 왜 애를 굶기냐며 얼른 지우가 좋아하는 소시지라도 구워주라고 했던 것이다.

"애 버릇을 고치려 해도 애 아빠가 자꾸 오냐오냐 하니까 저만 나쁜 사람이 되는 것 같아요."

엄마들이 흔히 겪는 육아 고민 중 하나가 바로 이런 문제다. 혼자서도 갈팡질팡하는 판에 아빠, 할머니 등 아이를 둘러싼 사람들과의 의견 차이에서 오는 갈등까지 겪어야 한다.

어쩔 수 없이 따라오는 문제긴 하지만 의견 차이가 크면 클수록 아이가 느끼는 혼란 역시 클 수밖에 없다. 결국 어린 아이들은 자신을 혼내지 않고 받아주면 좋은 사람, 혼내면 나쁘고 무서운 사람으로 인식하기 때문에 엄마나 아빠와 애착을 형성하는 데 어려움이 따른다.

요즘은 그나마 덜하지만, 아직도 아빠는 일하는 사람, 엄마는 함께 놀아주는 사람으로 인식하는 아이들이 많다. 아빠들도 어릴 적에 아버지와 함께한 시간이 적어서 그런지, 아이와 함께하는 방법을 모르는 아빠들이 많다. 그렇다 보니 아빠는 딱 두 가지 유형으로 나뉜다. 무엇이든 받아주거나, 무엇이든 혼내는 사람으로 말이다.

가끔씩 학부모 미팅을 갔다 보면 아빠들은 이렇게 말한다.

깜빡하는 찰나, 아이는 자란다

"어떻게 놀아줘야 할지 모르겠어요."

그런 아빠들에게 나는 생활 속 놀이를 권한다. 이건 엄마도 마찬가지. 아이와 밀접한 관계를 형성하면서 아이를 이해하기 위해선 놀이, 특히 몸으로 부딪쳐가며 하는 놀이만큼 좋은 것이 없다. 육아책이나 육아이론에 나오는 학습을 겸한 거창한 놀이를 말하는 것이 아니다. 생활 곳곳에서 아이와 함께할 수 있는 놀이는 무궁무진하다.

아빠와 함께 책장 닦기

225

아빠와 함께 구두닦기

　우리 집 두 아이를 키울 때도 남편은 공부하고 회사 다니기 바빴고, 나 역시도 어린이집을 운영하느라 아이들과 보낼 시간이 적은 편이었다. 그러나 나나 남편은 아이들과 있을 때만큼은 함께하는 것에 초점을 두고 생활 속에서 다양한 놀이를 찾아 놀았다. 그중 하나가 '구두 닦기'였다. 구두 한 켤레를 아빠와 아이가 한 짝씩을 들고　열심히 닦으며 이야기도 나누고, 게임도 하는 것이다. 지금도 아이들이 어렸을 때 사진을 보면 아빠와 함께 구두를 닦거나 세차, 혹은 청소하는 사진들이 많다. 사진 속 아이들과 아빠의 얼굴을 보면 웃음이 가득한 것이 그 당시의 즐거움이 그대로 전해진다.

생활 속 놀이는 무궁무진하다. 함께 재활용 쓰레기 분리하기, 슈퍼에서 물건 사올 때 같이 들고 오기, 수건 개기, 밥상 차리기, 콩 까기, 청소기 돌리기, 설거지하기 등등 집안일이나 일상의 여러 가지 일들을 함께하면서 아빠와 아이 간의 애착을 형성할 수 있다.

얼마 전 어린이집에서는 '우리아빠 콘테스트'가 있었다. 아빠와 아이가 함께한 순간을 사진으로 보내면 그중 재미있는 사진을 뽑아 선

우리 아빠 최고 1

우리 아빠 최고 2

물을 주기로 했다. 예상외로 많은 사진들이 모였는데 집에서의 우스꽝스러운 사진에서부터 휴가지에서 아빠와 함께한 사진까지 정말 다양한 사진들을 보내왔다. '그래도 우리 어린이집 아이들은 아빠와 많은 시간을 보내며 사랑을 충분히 받고 있구나' 하는 생각이 들어 안심이 됐다.

어린이집을 운영하면서 항상 안타깝던 점이 있다. 엄마나 할머니 혹은 할아버지까지 아이의 가족들을 볼 기회는 자주 있지만, 아이의 아빠를 보기는 정말 어렵다는 점이다. 심지어 갓난쟁이 때부터 여섯 살이 될 때까지 우리 어린이집에 다녔지만 단 한 번도 아이의 아빠를 보지 못하고 졸업을 시키는 일도 많다.

사실 아빠와 아이의 관계는 아이의 성장에서 너무나 중요하다. 세계적인 경영컨설턴트이자 리더십 전문가인 마셜 골드스미스는 "하루 4시간 자녀와 함께 보내면 일 집중력이 높아지고 연봉도 올라간다."고 말하면서 자신의 경험을 이야기했다. 그의 말에 의하면 자신의 11살 된 딸이 자신을 나쁜 아빠라고 말하면서 그 이유를 출장을 다니느라 바빠서 나쁜 것이 아니라 집에 있을 때도 매일 전화만 하고 스포츠 중계와 뉴스만 보느라 자신을 쳐다봐주지 않기에 나쁘다고 했다는 것이다. 딸의 말에 충격을 받은 그는 아이와 하루 4시간 이상 보내기 위해 노력하기 시작했고, 함께하는 시간을 늘려가다 보니 아이와 아내, 가족과의 관계가 좋아졌다고 한다. 더 놀라운 사실은 가족과의 관계가 좋아지자 소득도 더 향상되었다는 점. 지금은 아이들이 커가면서 아빠와 함께하는 시간이 안 늘어도 아빠를 자랑스러워한다고 한다. 이미 어린 시절, 충분히 아빠와 좋은 시간을 누렸기 때문이다.

지금이 바로 아빠가 아이와 함께할 수 있는 최적기

요즘은 그래도 아빠들의 육아 참여율이 높은 편이다. 유아교육기관에 강의를 가보면 엄마들뿐만 아니라 아빠들도 심심치 않게 눈에 띈다. 얼마 전엔 부산에서 강의를 마치고 오는데 한 아빠가 아이 손을 잡고 와 내 전화번호를 알려달라고 했다. 자신이 모르는 것이 너무 많아 조언을 듣고 싶다면서.

아이와의 시간 대신 비싼 장난감이나 동화책 혹은 아예 돈으로 육아를 대체하는 아빠들이 꼭 알았으면 하는 것이 있다. 아이가 크고 나면 같이 하고 싶어도 그때 아이의 눈은 집 밖으로 향하고 있을 것이라는 것이다.

아이와 함께하는 것도 다 때가 있다. 순수하게 가족과의 관계를 통해 인성과 감성을 형성해나가는 아이의 어린 시절, 이 소중한 시기에 조금이라도 시간을 쪼개고 보탠다면 아이를 위해서도, 아빠 자신을 위해서도 소중한 시간이 될 것이다. 뭐 어려울 것도 없다. 생활 속 무엇이든 작은 것이라도 함께하면 아이와 아빠의 유대는 자연스럽게 형성된다. 그리고 이 작은 노력들은 엄마의 육아 부담을 덜어 줄 것이고, 부부가 함께 육아를 의논하게 해줄 계기가 될 것이다.

아이의 마음이 아닌,
아이의 시간 나누기

엄마 미워! 할머니가 좋아!

할머니와 거실에서 놀고 있는 한 여자아이. 아직 말을 제대로 떼지 못한 갓 세 살 정도 되었을 나이다. 아이는 입체 동화책을 보고 있고 그런 손녀를 바라보고 있는 할머니. 그런데 아이가 금방 싫증을 내더니 동화책을 찢기 시작한다. 부엌에서 둘째를 업은 채 저녁을 준비하던 엄마가 책 찢는 소리에 놀라 거실로 나온다.

"민지야, 책을 찢으면 어떡해!"

안방에 있던 아빠도 나와 한소리를 한다.

"그 비싼 책을!!!"

그런데 이를 보고 있던 할머니는 손녀를 부추긴다.

"아이고 잘한다. 내 새끼. 그래그래~"

못마땅해 하는 엄마와 허탈하게 웃으며 지켜보는 아빠.

"민지는 좋겠다. 할머니가 다 받아줘서. 대박이다, 대박이야~"

고부간의 모습을 보여주는 TV프로그램의 한 장면이다. 사실 어
디 이 집뿐이겠는가. 할머니와 엄마 간의 육아 갈등은 어디에서나 흔
히 볼 수 있는 모습이다.

우리 어린이집에서도 예외가 아니다. 유독 결석이 많은 P는 할머
니가 육아를 맡은 날이면 어김없이 어린이집에 결석한다. 엄마가 둘
째를 낳고부터 시골에 사는 할머니가 가끔씩 첫째인 P를 돌보는데,
아이가 어린이집에 가기 싫다며 떼를 쓰면 그래도 어떻게든 등원시
키는 엄마와 달리 할머니는 오로지 손주 의견대로 패스. 이런 날이면
P의 엄마가 전화를 걸어 사정을 설명하곤 한다.

"어머니가 오늘은 보내지 말라고 하시니……."

한 엄마는 주말이 되면 갈등에 빠진단다. 이 엄마는 평일에 남편
이 회사에 가고나면 일명 '독박육아'에 시달린다. 그렇게 아이와 함께
24시간을 보내다 주말에는 그나마 한숨을 돌린다. 하나뿐인 손주를
시어머니가 봐주시고 계신 것이다. 주말에는 시댁에 아이를 맡겨두

233

고 친구를 만나거나 남편과 함께 데이트를 즐기기도 하고, 밀린 집안
일을 하기도 한다. 남들이 들으면 부러워할 효율적인 시스템일지 모
르나 그녀에겐 고민이 있다. 육아 방법에서 오는 갈등으로 인해 부딪
치는 일이 많기 때문이다. 아이가 크면서 갈등은 더 잦아지고 있다.

"어머니, 애를 엎드려 재우면 안 되는데……."

"왜 안 되니? 편하게 자면 되지."

"아이고, 우리 새끼. 그래 많이 먹어~"

"어머니, 이유식은 적정량을 지켜줘야 그 다음 단계도 맞추는
데……."

"아서라. 지가 먹고 싶다는데 배불리 먹여야지. 애를 굶기냐?"

하나에서 열까지 시어머니식 '대충 육아'와 며느리식 '신식 육아'
사이에 미묘한 신경전이 벌어진다. 그나마 아이가 갓난아기일 때는
덜한 편이었는데 아이가 커가면서 문제는 커졌다. 시댁만 갔다 오면
아이의 떼쓰기가 심해진 것. 무조건 오냐오냐 하는 할머니와 제어하
는 엄마 사이에서 아이도 혼란이 생겼다. 말이 늘자 아이는 엄마 가
슴에 못을 박는 소리를 한다.

"엄마 미워! 함미한테 갈래, 함미한테 갈래~"

장난감을 마구 던지는 아이를 혼냈더니 아이는 자지러지게 울고,
아이가 우니 시어머니는 당연한 듯 아이를 잡아채간다. 아이 엄마 표
현에 따르면 의기양양해 하는 모습이란다.

깜빡하는 찰나, 아이는 자란다

"그래, 함미가 좋지~ 엄마 떼찌!"

이를 보다 못해 아이 엄마는 큰 결심을 했다. 가사에 보탬이라도 될까 해서 일을 다시 시작하려 했지만 포기하고 아이에게 집중하기로 한 것.

"제 몸이 부서지는 한이 있어도 주말에도 제가 애를 보기로 했어요."

점점 더 육아 주도권을 잃어간다고 생각한 나머지 중대한 결정을 내린 것이다. 물론 시어머니, 할머니 마음도 이해가 간다. 예쁘고 소중한 손주, 그 손주 눈에 눈물 안 나게 하고 싶은 그 마음이 어디 갈까. 문제는 그 마음이 엄마도 마찬가지란 사실. 그러다 보니 의도치 않게 육아 파워게임이 시작되는 것이다.

육아의 주체, 아이를 위함이 우선

내가 누누이 강조하는 것은 '육아의 주체는 어른이 아니다'라는 점이다. 육아는 엄마나 아빠나 할머니나 할아버지나 모두에게 힘든 일이다. 다만 이 힘듦이 누구를 위한 것일까를 생각하면 육아로 인해 발생하는 갈등을 대하는 태도가 달라질 수 있다. 육아의 주체는 어른이 아닌 아이다. 육아는 아이를 위함이다. 아이가 잘 크고, 올바르게 성장할 수 있도록 물을 주고, 햇볕을 쬐어주고, 자양분을 끊임없이 주는 것이 어른들의 몫이다.

답은 결국 육아를 도와주는 조력자들간의 대화다. 무엇이 아이를 위한 것인지, 네 방법이 맞네, 내 방법이 맞네 하는 것은 중요하지 않다. 아이를 키우면서 서로가 보고 느낀 것을 충분히 공유하고 주의깊게 관찰하면서 서로의 틈을 채워주는 것이 육아다. 아무리 사랑하는 엄마, 할머니라도 24시간 아이를 위해 온전히 집중할 수는 없다. 아이의 마음을 더 많이 차지하려고 갈등을 겪을 것이 아니라, 아이와 시간을 나누며 눈맞춤 하는 것이 필요하다. 아이를 위해서라면 육아의 간극을 채워주고 응원하면서 아이의 성장을 지켜보는 듬직한 조력자가 되어야 하지 않을까?

깜빡하는 찰나, 아이는 자란다

관찰정보를 공유해 수집하세요!

▶ 잠깐 퀴즈!

"관찰일기는 누가 써야하는 것일까요?"

정답은 '누구나'입니다. 육아가 오로지 엄마만의 몫이 아니듯, 관찰일기도 엄마만의 책임이자 의무는 아닙니다. 물론 엄마가 아이와 가장 가까이 있고 함께하는 시간이 많다면 엄마가 관찰일기를 쓰는 것이 좋겠지요.

하지만 요즘은 직장생활을 하는 엄마도 많거니와, 그렇지 않더라도 육아를 온전히 엄마 혼자 감당하기는 어렵습니다. 관찰일기를 엄마가 기록한다 해도 주변 육아서포터들과 함께 정보를 공유하는 것이 중요합니다.

육아는 양이 아니라 질입니다. 엄마가 함께할 수 없는 시간이라면 아이와 함께했던 사람들에게 아이가 그 시간 동안 어떤 행동과 말을 하고, 어떤 일이 있었는지 질문을 하여 정보를 수집하는 것이 필요합니다. 좀 더 적극적인 육아서포터라면 사진이나 기록을 요청할 수 있겠죠.

또 하나, 엄마의 기억을 믿지 마세요. 기억력의 한계도 분명 있고, 왜곡해서 기억하기도 쉽습니다. 관찰일기는 '각색'보다는 '기록'이 주가 됩니다. 아이의 다양한 정보를 기록하는 것에 중점을 두고 주변 육아서 포터들의 도움을 요청한다면 아이의 성장과정을 빼곡하게 채워나갈 수 있습니다.

▶ 관찰 정보 공유하는 법

• 아이가 엄마와 떨어져 있는 시간에 대해 함께한 육아서포터들에게 질문해보세요.
 (ex : 오늘 아이가 가장 즐거워했던 것은? 울거나 싸우지는 않았는지? 평소와 다른 행동은 없었는지?)

• 육아서포터들에게 엄마가 목격하고 들은 아이의 정보를 공유해주세요.
 (ex : 주말에는 밥투정이 심했어요. 배변훈련을 하면서 스트레스가 쌓인 것 같은데 어린이집에서도 식사와 배변 때 행동이 어떤지 지켜봐주실 수 있을까요?)

깜빡하는 찰나, 아이는 자란다

- 눈일기를 활용해보세요. 의성어, 의태어도 좋아요. 간단한 메모도 괜찮습니다. 쉽고 간단하게 써도 가치가 있으니 주변 육아서포터에게 부담 없이 기록해주길 요청해보세요.

- 마음일기를 활용해보세요. 해답이 아닌 과제를 스스로 찾아보세요. 어린이집 선생님이나 육아 경험자에게 궁금한 육아법, 문제행동에 대한 조언 등을 요청해보세요.

- 항상 감사함을 표현하세요. 육아서포터들에게도 육아는 힘든 일입니다. 감사한 마음과 더불어 아이에 대한 애정과 관심을 공유하며 아이를 중심으로 함께하는 관찰의 가치에 의미를 두세요.